Die
Gesundbrunnen.

Ein Gedicht in vier Gesängen.

Von

Valerius Wilhelm Neubeck.

Doctor der Arzneywissenschaft.

Αριστον μεν ὑδωρ. *Pindar.*

Leipzig

bey Georg Joachim Göschen, 1798.

Erster Gesang.

Steig, Hygiea, vom Himmel herab in die Thale der Erde,
Reiche die Lebensschale, gefüllt mit dem Quelle der Jugend,
Der durch Goldkies rollt die krystallene Flut im Olympus,
Reiche dem Sänger sie dar, daraus Begeistrung zu trinken!
Ohne dich singt kein Dichter, du mußt den Geist ihm entwölken,
Daß er schön und frey sich aufzuschwingen vermöge.
Komm! mein Genius streut Weihrauch auf deinen Altar dir,
Wo du die göttliche Kunst des koischen Weisen mich lehrtest.
Dein Geschenk ist mein Lied. Hinab in die felsigen Grotten
Will ich steigen, wo du den jungen Quellen der Erde
Heilende Kräfte verleihst; ich will den schmachtenden, armen,
Hülfe verlangenden Kranken zu deinen heiligen Urnen
Führen, damit er hier die goldene Flut der Genesung
Schöpf' und trinke, den Rettungsdank in deinem gefeirten
Tempel zum Opfer dir bring', und dich Lebenserhalterin nenne!

Doch wer leitet mich hin in das Reich der heilsamen Quellen?
Wer in das Innre der stillen Behausungen junger Najaden?

O wer zeigt in der Erd' Abgründen mir jeden verborgnen
Hohlen, umnachteten Gang der Natur, wo die werdende Quelle
Aus den Adern des Bergs, mit Heilkraft schwanger, hervorrauscht?
Komm, und führe du mich, o vaterländische Nais,
Durch der Erde Geklüft hinab, wo deine Geschwister
Tanzen mit schwebendem Silberfuß in krystallenen Hallen,
Unter Tritonengesang, mit Perlengürteln geschmücket.
Einst erschienst du ja schon, jungfräuliche Nymfe der Gera,
Mir im heiligen Dunkel des Hains, der deine durchblümten
Kräuterwiesen umschirmt, und ihnen erfrischende Lüfte
Zuweht. Mittag war's, und des Sommers glühender Odem
Hauchte mir über die vollere Wange des brennenden Fiebers
Flammende Röthe. Mit Eile verließ ich den sonnigen Heerweg,
Voll Staubwolken, und suchte mit lechzendem Auge die Kühlung
Deines einsamen Stroms. Da sah ich über die Wellen,
Wie ein blühend Rosengewölk in der thauenden Frühe,
Dich hinschweben im zarten, ambrosischen Aethergewande.
War der Erscheinung der Knab' einst werth, o so neige dem Mann auch
Nun dein Ohr — Ha! welch ein Gesäusel im tieferen Walde! —
Heil! mein Genius flüstert: die Göttin winkt dir Gewährung.

Südwärts über der Stadt, die vom edlen Aare den Nahmen
Führet, da krönt Steineichengehölz die Gebirge des Stromthals.
Hier fließt, kühler im Schatten, die silberblinkende Gera

Ueber gelblichen Kies. Um die Wurzeln alternder Bäume
Spielen und drehn sich die Wellen in kleinen Strudeln, und rauschen
Schnell durch die Schilfe dahin. Allein mit gehaltener Eile
Wallet der Strom in Plauens arkadischen Hirtengefilden.
Auf der Natur kunstlosem Altar stehn Schönheit und Einfalt,
Gleich den Grazien, hier in liebenswürdiger Eintracht.
Von dem großen Altar dampft jeglichen Morgen der Weihrauch
Würziger Blumen und Kräuter und fröhlich reifender Saaten
Blüthengedüft zum Opfergeruch den Töchtern des Himmels
Festlich empor, bestrahlt vom erhellenden Schimmer der Frühe.
Anzuflehn die Nymfe des Stroms trat ich in des ernsten
Waldes Umschattung, und stand nicht fern von der Grotte der Göttin.
Feierlich schwieg der Hain; die ringsum herrschende Stille
Machte mich lange verstummen; der Ehrfurcht heilige Schauer
Zitterten durch mein Gebein; doch endlich begann ich zu reden:
Hör! untadlige Nymfe den Bittenden! Leite den Sänger
Durch das nächtliche Reich der gesundheitgebenden Quellen,
Hin in die Tiefen, wo sich die ersten Tropfen zur Welle
Sammeln, und wo die jungen Gewässer in lallender Kindheit
Noch mit wankendem Lauf hinmurmeln! Schärfe den Blick mir,
Hohe Najade, verklär' in der Erde cimmerischen Schlünden
Du dem sterblichen Auge die Finsterniß! Dumpfiger Klüfte
Kalten betäubenden Dunst schafft dein ambrosischer Odem
Zum elysischen Ambragewölk, und die tödtenden Lüfte

Werden zu Frühlingswinden, zum linden Säuseln der Mainacht.
Komm, und leite mich denn! Mit des Waldes frischestem Moose
Will ich in deiner Grotte die Felswand schmücken, mit Eichen
Dein Stromufer im Thal, wo der Fels nur schattet, umpflanzen,
Daß in der grünen Umwölbung hinfort anmuthige Kühle
Dich frischathmend umweh' in des Sommers gewaltigster Glut selbst.

Also rief ich flehend der Göttin, und nahte der Felskluft,
Kühn durch hohes Vertraun. In Thüringens dunkelstem Forste
Bilden zerrüttete Felsen die Grotte der reinen Najade.
Wild und romantisch umwebet den Eingang rankender Efeu;
Ueber ihm wehn zwo Fichten mit kahlen, verwitterten Wipfeln,
Von den Gewitterorkanen gebeugt, und drohen den Umsturz.
Hohl ist ihr Stamm, und der Erde beraubt umhängen die krummen
Alternden Wurzeln den nackten Granitfels über der Höhle.
Aus dem grauen Gestein thränt stets inwendig vom rauhen,
Feuchten Gewölbe der Kluft ein erfrischender Thau zu den grünen
Felsensitzen herab, mit Flechten umwachsen und Steinmoos.
Tiefer im Dunkel der Halle, von Marmorblöcken gewölbet,
Träuft mit melodischem Rieseln, wie Silber, ein ewiger Regen
Auf den werdenden Quell, der süß und rein sich beständig
Ueber dem grünlichen Sand in ruhigen Wallungen kräuselt.
Also bildete Mutter Natur, und schmückt' in der Wildniß
Selbst mit schaffender Hand die dämmernde Wohnung der Göttin.

Heilige Schauer umwehn den Wanderer, der dem geweihten
Eingang naht; sie selber verbirgt ein umschattender Nebel,
Undurchdringlich dem Blick. Allein der hohen Begeistrung
Trunkenes Auge schauet entzückt in dem Innern der Moosfluft,
Auf die Urne gelehnt, die ruhende Nymfe. Sie lauscht hier
Lächelnd und halbentschlummernd dem Silbergelispel der Quelle.
Blitzender Thau, wie der Lenz ihn träuft auf knospende Rosen,
Perlet ihr um die Stirn, und hängt in den lockigen Haaren.
Gleich wie fliegendes Wassergewölk um den stürzenden Schaumquell
Zwischen den hallenden Felsen emporstäubt, über dem Ufer
Wallend schwebt, so umfloß der Schleier den Liliennacken.
So wie der Hesperus hinter dem weißlichen Abendgewölke
Lieblich funkelt, so strahlt hervor das Auge der Göttin
Unter dem bläulichen Schleier. So kam sie jetzo mit sanfter
Anmuth, Huld im Blick und himmlisches Lächeln im Antlitz,
Schwebend und leicht, wie getragen vom West, hervor. Die geweihte
Stille des Hains, zuweilen nur unterbrochen vom Säuseln
Einer gelinderen Luft, das heilige Dunkel der Eichen,
Alles erhöhte die Feierlichkeit des bezaubernden Anblicks.
Selbst du, große Natur, sahst, schauernd von holder Entzückung,
Dieser Erscheinung Wonnegebild, und feiertest schweigend
Deiner unsterblichen Tochter Heraufkunft. Aber der Göttin
Lippen entflossen, wie Harfengesang, die lieblichen Worte:
Kühn, o Sterblicher, ist der Wunsch, ein Land zu betreten,

Wo mit verwegenem Tritt noch kein Erschaffener jemahls
Wandelte; doch dir sey er gewährt. Kein freveles Verlangen,
Keine vermeßne Begier, das Unbekannte zu schauen,
Aber den schönen Wunsch, hülfreich und tröstlich den Menschen,
Gleich den ewigen Göttern, zu seyn, erblick' ich im Innern
Deiner unsterblichen Seele. Du hast mir vertraut, und ich wähle
Dich aus unter der Menge, zum hohen Berufe dich weihend,
Von den Geschenken der Nymfen ein Lied, und ihrem Geburtsland
Deinem Volke zu singen; geleiten will ich dich selber
In die verborgnere Welt, und in's heilige Dunkel der Werkstatt,
Wo die Natur still wirket und schafft zum Segen der Menschen.
Doch bevor wir hinab in die dunkeln Höhlen der Urnacht
Steigen, so lerne vor allem, woher die Quellen den Reichthum
Ihrer Gewässer empfahn. Zum Himmel steigen, vom Himmel
Sinken im ewigen Wechsel die Wasser der künftigen Quelle.
Regenschauer im Frühling, im Sommer des hohen Gewitters
Dicht herstürzende Flut, und die weinenden Wolken des Herbstes
Senden des Quells Urstof in den Schooß der waldigen Berge.
Auf den wolkenberührenden Alpen verweilet der Winter
Ewig. Erstarrt liegt er im tiefen, eisernen Schlafe
Weit hinübergestreckt auf ihren unnahbaren Felshöhn.
Seit der Schöpfung triest aus seinen silberbereiften
Haaren zerschmolzenes Eis in großen Tropfen, die schlüpfen
Durch der Berge Geklüft in die Wasserbehälter der Erde.

Fern am luftigen Haupte der dunkelblauen Gebirge
Siehst du ruhige Wolken herunterwallen, und langsam
Ueber den Tannenforst hinziehn. Oft lagert ein kaltes
Nebelgewölk, wie ein Kranz, sich dort um die Riesenschultern
Unseres Brocken. Dem Schooß der thauenden Wolken entträufelt
Unablässig ein zarter, befeuchtender Regen, und diesen
Saugt mit tausendmahl tausend offenen Adern der Berg ein.
Lauter und rein, wie der Thau vom jungen Blatte der Birke
Zitternd herabhängt, sinkt, und im Sande leise versieget,
Triest die Feuchte herab zu den Quellengebirgen der Erde.
Jetzo folge mir nach. Auf kalten, umnachteten Pfaden
Will ich tief hinab in die schaurigen Grotten dich führen,
Wo die Natur den Brunnen der lebensfrohen Genesung
Herzuströmen gebeut aus unerschöpflichen Urnen.

Als ihr göttlicher Mund aussprach die begnadenden Worte,
Haucht' ihr ambrosischer Odem mir Kraft und Muth in die Seele.
Freudig und demuthsvoll betrat ich sogleich die bemooste
Schwelle der Kluft, und wandelte weiter am Arme der Nymfe.
Diamantene Pforten verschlossen den finsteren Eingang
In die reichen Gefilde der unterirdischen Schöpfung.
Eine der Pforten klang auf ihren Angeln, und weit auf
That sich das Reich der Ströme, der Erze, der Salze, der Steine.
Dumpfere Donner der fernsten Gewässer mächtiger Flüsse;

Näherer Wogen Gebrüll, und des Stromfalls schäumender Aufruhr;
Stürzender Felsenbäche gelinderes Rauschen, und kleiner
Sprudelnder Quellen Geriesel begrüßte die Göttin beym Eintritt
In ihr väterlich Reich. Auf ihren steinernen Urnen
Lagen der Ströme Beherrscher in weiten Klippengewölben,
Deren Gestein mit ungeborgtem, sternichtem Glanze
Funkelte, gleich Thautropfen der Flur im Schimmer Selenens.
Welche Gewässer sich hier durch menschenloser Gestade
Krümmungen dumpf hinwälzen, besangst du, göttlicher Maro,
Schon mit kühnerem Geniusflug und unsterblicher Würde.
Unnachahmlich und unerreicht fliegt deine Begeistrung
Siegend empor zu dem Tempel des Ruhms; tief bleiben der Nachwelt
Dichter zurück im Thale, mit ihnen die jüngste der Musen
Welche mir stimmte die Leier, geweiht den gütigen Nymfen.
Nur mit ehrfurchtsvollem und tiefbewunderndem Schweigen
Will ich vorübergehn die Fürsten der Ströme; die Nahmen
Ihrer Gewässer durchrauschen dein Lied, unsterblicher Barde,
Schon mit erhabnerem Klang. — Erfüllt mit froher Erwartung,
Bald die verborgneren Fluten zu schaun, aus denen des Kranken
Zitternde Hand der holden Gesundheit heilenden Balsam
Für den zerrütteten Leib, und den schwermuthvolleren Geist schöpft,
Voll von dieser Erwartung gelangt' ich jetzt mit der Nymfe
Aus der donnernden Welt der herrlichen Ströme zu jenen
Stillen Gefilden der Heilungsquellen, und hörte von ferne

Schon mit Silberklang in der Felsenwiege sie lallen.
Und die Göttin führte mich tiefer hinab in der Erde
Grausenvolles Geklüft. Das unterirdische, weite,
Ungeheure Gewölbe, kein Atlas stützte die Last hier,
War mit Diamanten gestirnt; ein eherner Himmel
Hing es über mir. Drohend und furchtbar thürmten sich Klumpen
Purpurschwarzen Gesteins, mit Eisenerze durchadert,
Hoch auf beiden Seiten empor. Nur einzelne Schimmer
Streuten des Erzes Adern umher: so funkeln Gestirne
In der Gewitternacht durch schwarze, zerrissene Wolken.
Aber den ehernen Felsen entrieselten flüchtige Bäche
Durch dumpfhallende Wälder gediegenes Eisens, und rollten
Ueber grauen Asbest und Strahlkies ihre Krystallflut.
Seit Jahrtausenden naget der Rost an der tönenden Waldung.
Siehe die fliehenden Wellen umlecken der starrenden Wurzeln
Lockere Rinde, verschlucken des Eisens, und tragen es endlich
Durch umnachtete Pfade dahin, wo der Kranke die Heilflut
Schöpfet, oder die Glieder darein, im stärkenden Bade,
Taucht, und die schlaffen, zerbrochenen Nerven mit eherner Kraft stählt.
So kommt jeglicher West, der Ceylons Wälder durchsäuselt,
Unter des Zimmtbaums Blüthen dahin schlüpft, oder des Amra
Knospende Wipfel umschwärmt, mit Würzgerüchen beladen
Aus den Schatten ins offne Gefild, und erquicket den Wandrer,
Der, mit Staube bedeckt, sich nun dem düftenden Hainthal

Eilender naht und athmender trinkt den erfrischenden Luftstrom.
Lehre mich, sprach ich anjetzt zu meiner Gefährtin, dir ist ja
Alles, o Göttin, kund, drum lehre mich was in dem Heilquell
Jenes lebendige Sprudeln erregt, und die tanzenden Perlen,
Die des Gefäßes Rand mit den wechselnden Farben der Iris
Lieblich umkränzen, und Silberstaub im Zerspringen umherstreun?
Freundlich erwiederte drauf mit melodischer Stimme die Göttin:
Durch die ganze Natur ist ein flüchtiger, geistiger, saurer
Aether verbreitet; von ihm durchdrungen sind alle Gewächse,
Alle Gewässer und Steine; zu jeder verborgneren Höhlung
Unter der Erde gelangt er, umfängt mit der Luft, denn von dieser
Ist er selber ein Theil, den Erdkreis. Alle Geschöpfe
Athmen ihn ein und leben; sie würden schneller vergehen,
Früher zerfallen in Moder und Staub und vollenden ihr Daseyn,
Wenn der geathmetem Luft es an diesem Wesen gebräche.
Ist ein Bach in der Wüste dem lechzenden Wanderer kühlend,
Süß und erquickend, erfrischt er das Herz dem Müden, so war es
Dieses Gewürz der Natur, das schneller den brennenden Durst ihm
Stillete. Jeglicher Heilungsquell empfängt in der Tiefe
Schon bey seinem Entstehn viel dieses belebenden Aethers
Aus der umgebenden Luft. Die Geister der flüchtigen Säure
Sind es, welche dem Quell Heilkräfte verleihn, und ihn waffnen
Aufzulösen das Erz des Gebirgs. Im Laufe zernagt er
Nun die rostigen Wurzeln des eisernen Waldes, und führet

Seinen metallischen Raub mit sich fort, und vereiniget innig
Sich mit ihm; so schwängert sich jede der Wellen mit Eisen.

Töne, Leier, das Lob des Eisens im Feiergesange!
Unter den mächtigen Barden im heiligen Erbe Thuiskons
Pries noch keiner die Frucht der deutschen Heldengebirge.
Noch kein feierndes Lied erscholl zum Ruhme des Eisens
Unter den Eichen des Hains, der seine Wurzeln hinabstreckt
Zu dem stillen Geklüft, wo dem Samen der Erde zu keimen
Mutter Natur gebot, und im leisen Wuchse zu reifen.
Heil dir, edles Geschenk der vaterländischen Berge,
Das der Sterblichen viele verachten, und thöricht des Goldes
Trügenden Glanz, den mehr verehren und gieriger suchen,
Als dich, Eisen, und deine bescheidneren Schimmer. Verkennt nicht,
Hermanns Enkel, verkennt nicht das Kleinod eurer Gebirge!
Horcht! ich singe das Lob des vaterländischen Reichthums.
Sage, woher, o Krieg, nimmst du dein Waffengeschmeide,
Deine geschliffene Wehr zum letzten, entscheidenden Angriff?
Eisen, gehärtet zu Stahl in der Esse, gebändigt vom Ambos,
Und in den Händen des Künstlers geschärft, bewapnet den Feldherrn;
Stählerne Rüstung umpanzert die thatenschwangere Brust ihm.
Heil dir, edles Geschenk der vaterländischen Berge!
Sey gefeiert im Lied, weil du dem Helden zum Rachschwert
Dienst im gerechten Krieg, und ihm über den stolzen Erobrer

Siegen hilfst für das Vaterland in der donnernden Feldschlacht.
Doch ist im Frieden größer dein Ruhm, und schöner dein Segen.
Siehe, du bist mir werther, und feuriger grüßt mein Gesang dich,
Wann dich die Amboshand zur blanken Waffe des Friedens
Hämmernd bildet, die kein unmenschlicher Krieger im Herzblut
Schlummernder Säuglinge röthet. Die sanftesten, ländlichen Freuden
Schwellen mir immer das Herz, und ergießen in heiligen Hymnen
Sich mir über die trunknere Lippe, wann ich dich sehe
Blinken am friedsamen Pflug in der scholligen Furche des Hügels,
Wann ich höre das Sensengeklirr auf blühendem Anger;
Wann das Sichelgeräusch im Gefilde der sinkenden Halmen
Lieblich ertönt, wo das bräunliche Schnittermädchen mit blauen
Blumen ein Seil durchflicht, um die schönste der Garben zu binden;
Wann in der fröhlichen Lese der Winzer dich schärft auf dem Wetzstein,
Einzuernten den Segen des Herbsts auf Traubengebirgen.
Heil dir, nützliches Erz! Der Chor der geselligen Künste
Stimmt in meinen Gesang zu deinem würdigen Lob ein.
Kein Praxiteles hätte mit silbernem Meisel den Marmor
Je zum athmenden Bilde geschaffen. Keine Paläste,
Aus den felsigen Rippen des Bergs korinthisch erbauet,
Thürmten sich ohne das Eisen empor in die staunenden Wolken.
Ohne dich schüfe die Kunst Arachnens keine Gemählde
Auf der blendenden Seide, gespannt in den weiblichen Rahmen.
Trabt das edele Roß, wann Gold den Huf ihm bekleidet,

Sicherer über das Eis, und hinan den steilen Gebirgspfad?
O wie fände der kühne Pilot in den Wüsten des Weltmeers
Sicheren Pfad, wann rings am Olymp Sturmwolken, wie schwarze
Teppiche, hängen, und ihm die freundlichen Sterne verhüllen,
Die durch Labyrinthe von Syrten und strudelnden Wirbeln
Sicher am goldenen Faden ihn leiteten, daß er nicht scheitre?
Durch die schreckliche Nacht bist du, leicht schwebende Nadel,
Ihm ein treues Orakel, das unter magischem Beben
Ihm weissaget, in welcher umwölkten Gegend des Himmels
Sirius strahlt und Arktur, das Siebengestirn und Orion.
Werth bist du dem Steurer nicht nur und dem fleißigen Feldmann,
O wohlthätiges Eisen; dich liebt und segnet der Gott auch,
Der mich früh der Natur Geheimnisse lehrte, der weise
Päon. O du, mein Meister, vergieb mir, wann ich den Menschen,
Meinen leidenden Brüdern, eröffne die heiligen Lehren
Deiner göttlichen Kunst, sie nur in den dämmernden Vorhof
Führe deines großen, geheimnißverhüllenden Tempels.
Stärkendes Eisen erneut der Gesundheit blühenden Purpur
Auf der sterbenden Wange der todtenbleichen Entkräftung.
Einstens kannt' ich ein Mädchen, in deren Gesichte die Krankheit
Schon die Miene des Tods und die Züge der kalten Verwesung
Zeichnete, jammernden Aeltern zum Weh, und theuern Geschwistern:
Doch sie fand in dem Eisen Genesung wieder, und Leben.
Jüngst ach! starb mir ein Freund, den alle Geheimnisse Päons

Hatte die koische Schule gelehrt; der Blumen und Kräuter
Heilende Kräfte, womit ihr zartes Adergewebe
Angefüllt die Natur; die Kraft der balsamischen Thräne,
Welche die Sommersonne den klüftigen Rinden der Bäume
Fern in Indiens Thalen entlockt; die Tugenden aller
Erden und Salze waren dem Weisen bekannt; und so ward er
Durch die Gegend umher ein Rath und Helfer der Siechen.
Dennoch fand Hygieens vertrautester Liebling für seine
Krankheit nirgends ein Heilungskraut: bis endlich die Nymfen
Sein sich erbarmten, und ihm die Genesung am heiligen Borne
Wieder verliehn. Von neuem begann der Edle zu leben.
O noch mancher genas durch ihn, durch ihn, der mit Großmuth
Stets dem Dürftigen half, und am Schmerzenlager des Siechen
Tief im Herzen empfand der Erbarmung heiligen Schauer.
Menschlichkeit war ihm die heiligste Pflicht. Der Seele des Biedern
War's schon hohe Belohnung, die dankenden Perlen im Auge
Armer Geretteter blinken zu sehn, und mit ihnen zu danken
Jenem erhabenen Geist, der ihn unter den Pflichten des Wohlthuns,
Mitten im Kampf für Menschenheil in den besseren Stern jüngst
Aus der Täuschungen Land abrief. Da weinten die Guten.
Er entschlummerte still und sanft; wie der alternden Eiche
Sanft ein Blatt entsinkt, das Zefyr am herbstlichen Abend
Leise dem Zweig entweht: so wehte der Engel des Todes
Auch sein Leben hinweg; allein empor zu dem Himmel.

Beide, der Greis und das Mädchen, verdankten den stärkenden Qüellen
Ihre Genesung, welche mit Heilkraft mischte des Eisens
Göttergeschenk, als ihre Gewässer noch unter der Erde
Da noch weilten, wo du dem Sänger, o gütige Nymfe,
Zeigtest deiner Geschwister noch unbesungene Schätze;
Wo mich ein eherner Wald umrauscht', und ein eiserner Himmel
Ueber mir hing, wo Graun und Schauder und ewige Nacht herrscht.

Aber in lichteren Gängen der unbetrachteten Tiefe
Deines verborgneren Reichs, Allnährerin Erde, befand ich
Jetzo mich an dem Arme der leitenden Göttin. Wir traten
Jetzt in den weiten Bezirk der hohen, chemischen Werkstatt,
Wo die stille Natur den Krystallen der werdenden Salze
Bildung und Schönheit giebt. Mich ergriff Bewundrung, ich staunte
Vor dem großen Geheimniß der ewigbildenden Schöpfung.
Siehe, mir hellte die Göttin den Blick. Ich sahe mit tiefem,
Wonnevollem Erstaunen krystallene Wälder, und hohe,
Glatte, durchsichtige Felsen, in mannigfaltiger Wandlung,
Werden und wachsen. Ein Wink, und eine krystallene Wildniß
Lag in stiller Pracht vor meinem bewundernden Auge.
Ueber der glänzenden Wildniß, in bläulich dämmernder Ferne,
Bildeten, gleich den Eispalästen der Gletscher, sich hohe
Säulen von Salz, ein Wunder zu schaun! So thürmet am Nordpol
Scholl' auf Scholle sich auf, und ein wildes Gemisch von öden

Eiseilanden erhebt dumpftosend empor in die Nacht sich.
Vieles lehrte die Göttin mich hier von der Salze Verwandtschaft,
Von den Geheimnissen viel der unergründlichen Schöpfung;
Und sie begann und sprach zu dem Kenntnißbegierigen also:
Wisse, nicht ohne Gesetze verbinden die salzigen Stoffe
Hier sich untereinander; ein jegliches Theilchen gesellt sich
Stets dem ähnlichen zu. Die Natur gab diese Gesetze
Seit der Schöpfung Beginn: daher der wandelnden Welten
Großer Verein, und des Sfärengesangs harmonischer Vollklang.
Alle Planeten und Sonnen, bevor sie schwebeten diesen
Kreisenden Tanz, und die Sfären den Chorpsalm donnerten, stiegen
Aus dem gebärenden Chaos, wie zahllos fliegende Funken
Aus dem brennenden Wald, ganz ohne Gesetze der Ordnung.
Aber nicht lange, so zogen die größeren Körper die kleinern.
Anfangs taumelten, schwankten in ihren Bahnen die Welten,
Bis das Gleichgewicht der ziehenden Kräfte der Sonnen
Mit der enteilenden Kraft der Wandelsterne des Kreislaufs
Ewige Grenzen bestimmt' am blauen Aethergewölbe.
Selber der Menschen Geist bezog der Weltenerschaffer
Mit den harmonischen Saiten der sympathetischen Freundschaft,
Daß sie mit innigem, süßem Verlangen, und liebender Sehnsucht
Gern sich suchten, und unter den zärtlichsten Regungen fänden;
Daß sie einander sich liebten, und liebend empfänden, im weiten
All, was groß und wahr ist, und schön; süß schwärmender Wehmuth

Voll, in der Maiflur lauschten dem Nachtigallengesange,
Oder mit denkendem Ernst anstaunten den Ocean Gottes,
Wo Gestirn an Gestirn hinschwimmt, gleich goldenen Inseln.
Hier verstummte die Nymfe. Mich mahnte die ernste Belehrung,
Ihr geliebten Entfernten, an euch, an die Feier der Freundschaft
In der geselligen Laube, wann durch die blühenden Wipfel
Uns der Abendstern zur sanftern Fröhlichkeit einlud.
Ahndend suchten, erkannten wir uns, und vom Munde zu Munde
Scholl das festliche Bundeswort: Auf ewig! Wir schieden;
Doch, mit der Treue Gurt zur Lebensreise gegürtet,
Denken wir froh des Wiedersehns dort über den Sternen.

Jetzo vernahm ich melodisches Rauschen, das leiser und leiser
Stets sich dem Ohre verlor. Es war das Rauschen der Bäche,
Die den krystallenen Grotten entsprudelten. Still an dem Ufer
Stand ich, und sah wie die Quelle das Salz im Entstehn in sich aufnimmt.
Einige glitten dahin, als hätte der Winter mit Froste
Sie bedeckt, und andre zerstäubten im fliegenden Sturze.
Nur ein dämmernder Tag weilt hier. Vom bleicheren Zwielicht
Sanft beschimmert, entstieg ein Gewölk dem stürzenden Wasser.
Liebliches Farbenspiel erschien in dem leichten Gewölke,
Zwar kaum sichtbar und matt, doch schön und hehr, wie dem Vollmond
Gegen über im braunen Gewölk der regnichten Herbstnacht
Sich mit welkendem Schimmer der farbige Bogen erhebet.

Jeglicher Bach spült hier des helldurchsichtigen Salzes
Ab vom Saume des Ufers, das sanft in die Wellen hinabschmilzt,
Reißt es mit fort, und trägt es, mit seinem Gewässer vereinbart,
Zu den lichten Gefilden der Erd' empor, wo sich endlich
Aus dem Schiefergebirg sein Quell ergießt, und das kranke
Menschengeschlecht einladet, Genesung und Leben zu schöpfen.

Grauliche Nebel umwölkten den Pfad, worauf ich an meiner
Hehren Begleiterin Hand jetzt wandelte. Goldene Schimmer,
Die dem göttlichen Auge, wie mondliches Glänzen, entströmten,
Hellten der schaurigen Nachteinöden cimmerisches Dunkel.
Furchtbar erscholl fernher, wie des Meeres dumpfhallende Brandung,
Oder versinkender Städte Gekrach, die des berstenden Erdballs
Tiefe verschlingt, ein wüstes Getös mir entgegen; und bebend
Zögert' ich weiter zu gehn; allein das Lächeln der Göttin
Strahlt' in die Seele mir Muth; mit melodischer Stimme begann sie:
Siehe, wir nahen anjetzt der Flammenwelt der Vulkane,
Wo ein glühendes Meer hochwogig des wolkigen Hekla
Wurzeln umdonnert, empört von den Feuerorkanen des Abgrunds;
Wo des Aetna Schwefelgewitter im grausen Tumulte
Wirbelnde Purpurflammen umher in der stygischen Dunstluft
Schleudert, und fort in der Tiefe sich wälzt durch funkelnden Rauchdampf
Hier zu wandeln verbeut das Verhängniß. Unter dem Aufruhr
Würden Entsetzen und Furcht, und wär's ein Himmlischer selbst, hier

Würden Entsetzen und Furcht mit seltenem Schauer ihn fassen,
Wenn er zum ehrnen Geheg, das dort den aornischen Graunschlund
Rings umzäunt, eindräng' in die donnernde Burg Hefästos.
Siebenfältige Nacht umlagert des tobenden Hades
Eisernes Flügelthor. Erdbeben erschüttern die Länder,
Wann ein Donnersturm die Riegel zersprengt, und es aufkracht.
Doch dir verheißt ein Göttersspruch, dich zu nähern dem Eingang
Sonder Gefahr, und froh in die Lichtwelt wieder zu kehren,
Wo du zuerst mein Blumengestad im Frühlinge blühn sahst.
Zwar ein furchtbares Ziel, das hier an das Ende der Bahn grenzt,
Die du betratst; doch eil' ihm entgegen mit freudiger Kühnheit!
Nicht ohn' einiges Gottes Geleit, nicht ohne die Obhut
Einer verborgenen Macht sind ja der Begeisterung Söhne.
Auf! und folge mir nach mit dem forschenden Blick der Erwartung!
Also die Göttin. Und grauses Getön scholl, da sich die Flügel
Oeffneten. Unter dem Fuß mir erbebten die Wurzeln der Berge,
Schauerlich! Aber ich nahte mich ohne Verzug, und erblickte
Schwarzes Gewölk, das, gleich Gewittern, über dem Abgrund
Graunvoll hing. Sturmwinde zerrissen es. Tief in der Ferne
Wogt' ein gährender See, und gleich Eilanden des Weltmeers,
Schwammen zerschmolzne Gebirge darauf. An der öden Umufrung
Schoß Glutsturm hervor aus gähnenden Schlünden, und plötzlich
Sausten geschleuderte Felsen umher; rothglühendes Erz flog
Wirbelnd empor zum Gewölb, und fiel mit Gekrach, wie der Hagel

Schmettert und kracht, zurück in großen, feurigen Tropfen.
Ringsum schmolz Erdharz von der Glut aus berußten Gebirgen
Ueber schwarzen Basalt in die finsteren Thäler hinunter.
Asche bewölkte den weiten Bezirk, und schweflichte, blaue
Leuchtungen zuckten hervor mit Getös aus ehernen Bergen,
Daß die Felsen entstürzten den Höhn in die donnernde Tiefe.
Siedende Quellen ergießen sich hier. Aus glühenden Urnen
Stürzen sie strudelnd hervor, durch rauhes Geklipp hinbrausend.
Fürchterlich kämpft mit des Feuers Gewalt der Schwall der Gewässer,
Hochauf wogend mit lautem Gebrüll; die tobenden Fluten
Heulen in dampfenden Ufern dahin, mit zischendem, weißem
Schaume bedeckt, und verlieren sich tief in der nebelnden Ferne.
Aber beladen und innig vereint mit dem feinesten Stoffe
Ihrer Schwefelgestade, wodurch sie fliehend sich wälzten,
Strömen sie wieder hervor, noch warm, an waldiger Berge
Fuß, und begrüßen das Licht, und den grünen Teppich der Erde.
Zwar blinkt seltner im hellen Krystallgefäße der warmen
Quelle Silber; allein es gewähren die laulichen, weichen
Wellen der siechenden Welt ein schmerzenlinderndes Heilbad.

Aus den rauchenden Tiefen erhub sich jetzo die Göttin
Wieder mit mir. Schon kam ein dämmernder Schimmer herunter
Durch das nächtliche Graun, bald wurde der Schimmer zu Lichte.
Jetzo schloß sich hinter mir schon die demantene Pforte.

Aber melodisch hallte der Angeln silberner Klang nach
Durch die weiten Gefilde der Nacht, und verlor sich im fernen
Felsengeklüft. Ich war zur Grotte der Nymfe gekommen.
Hinter den Waldungen sank hinab der scheidenden Sonne
Schwimmendes Gold, und heiter entstieg im Rosengewande
Einer bestrahlten Wolke der Abend dem thauenden Himmel.
Hesperus funkelte fern ob den Burgruinen der Gleichen;
Und es errötheten sanft in der Felsenhalle die jungen
Wellen der werdenden Gera. Das träufelnde Moos der Granitwand
Blitzte mit allen Farben der bunten Iris im Spätroth.
Und ich entstieg ernstfreudig der Kluft, und verließ mit des Dankes
Frohem Gefühl dein Heiligthum, untadlige Nymfe,
Wo der Wogen Gesang in elysische Träume dich einwiegt
Durch die Nacht. O nimm, jungfräuliche Nymfe des Dankes
Opfer mit Huld auf. Schon in der Morgenröthe des Lebens
Feyert' ich unter den Eichen, die dein Stromufer umschatten,
Kindlicher Andacht voll, das Fest des kehrenden Frühlings.
Halcyonische Tage, wie seyd ihr so schnell mir entflohen!
Segnend ertönte mein Lied: „Es versiege, Göttin, dein Quell nie!
Stets umwehe dir Kühlung die dämmernde Grotte!" So rief ich
Laut, und des Jünglings Lied vernahm dein Ohr in der Tiefe.
Segne mich wieder mit Heil und Gesundheit, und laß mich der Ruhe
Stillen Genuß stets finden im Hain, wo die Geister der Vorwelt
Noch der Druiden Altär' auf goldenen Wolken umschweben,

Würdige mich noch oft, o Göttin, der hohen Erscheinung,
Wann ich ahndungenvoll an deinem heiligen Stromquell
Einsam verweil', anstaunend der immerändernden Schöpfung
Ewigen Bildungstrieb in der Myriade der Wesen;
Oder der reichen Natur stillwirkende Kraft in dem Wachsthum
Hier des Halmes, und dort der ragenden Eiche bewundernd.

Erläuterungen.

Hygiea. S. 7. Z. 1. Unter diesem Nahmen wurde Pallas von dem Alterthum als medizinische Gottheit angerufen. Von den Römern wurde ebenfalls eine Minerva medica verehrt.

Des koischen Weisen. S. 7. Z. 8. Hippokrates, ein Sohn des Heraklides und des Praxithea, aus dem Geschlechte der Asklepiaden; wurde geboren auf der Insel Kos im ersten Jahre der achzigsten Olympiade. (456 Jahre vor Chr.)

Südwärts über der Stadt. S. 8. Z. 21. Arnstadt in Thüringen, der Geburtsort des Verfassers, soll, nach einer alten Chronik, vom Adler oder dem veralteten Worte Aar, den Nahmen erhalten haben.

Des Amra knospende Wipfel. S. 15. Z. 21. Der Amra ist ein schöner indischer Baum mit wohlriechenden Blüthen.

Saurer Aether. S. 16. Z. 8. Kohlengesäuertes Gas, oder fixe Luft, ein Hauptbestandtheil der eisenhaltigen Gesundbrunnen.

Die Kunst Arachnens. S. 18. Z. 22. Die Kunst zu sticken, von der Mäonierin Arachne so genannt, quae pingebat acu, wie Ovid singt.

Der weise Päon. S. 19. Z. 3. Päon, oder Paieon, war ein Beynahme des Apollo, welchen die Griechen als den Vorsteher der Arzneykunde und der Dichtkunst verehrten.

Am heiligen Borne. S. 20. Z. 10. De hyllige Borne, der uralte Nahme von dem Pyrmonter Gesundbrunnen

Den aornischen Graunschlund. S. 25. Z. 2. Aornos, oder Avernus, hieß bey den Griechen jede Qualmhöhle, oder jeder Ort, dessen erstickende Ausdünstung die Vögel tödtete, welche darüber hin flogen.

Nicht ohn' einiges Gottes Geleit. S. 25. Z. 12. Luther bediente sich des Beywortes einiger für irgend einer, und auf dieses Ansehn gestützt, nahm es Voß in dieser Verbindung wieder in unsere Sprache auf. „Nicht ohn' einiges Gottes Ereiferung duldest du Trübsal." Virgils Landbau von Voß. IV. 453.

Den Burgruinen der Gleichen. S. 27. Z. 7. Die bekannten drey thüringischen Bergschlösser zwischen Erfurt, Gotha und Arnstadt.

Halcyonische Tage. S. 27. Z. 18. Hießen bey den Alten so viel als ruhige, stillheitere Tage, von Halcyone, oder dem Eisvogel, der mitten im Winter nur wenige Tage brütet. In diesen Tagen, fabelten sie, herrsche Windstille auf der See.

Zweyter Gesang.

Froher entsteig' ich dem finstern Gebiet der nächtlichen Schauer,
Als des Erebus Dunkel vordem der thrazische Barde;
Sehe mit Wonne den Tag, und das heilige Licht, und des Himmels
Ewigen Azurdom, geschmückt mit der strahlenden Sonne,
Welche den Saum der Wolkengestalten im Abend vergüldet.
Erde, wie bist du so schön? Ein irdischer Himmel, der Wohnsitz
Meiner befreundeten Menschen. Empfangt mich wieder, empfangt mich,
Theure, verbrüderte Menschen, in eurem geselligen Kreise!
Euch zu Liebe betrat ich der Nacht pfadlose Gefilde;
Aus einödiger Tiefe zurückgekehret zum Schauplatz
Einer bekannteren Welt, wo glühendes Leben sich reget,
Wo der Wälder Gesang mich tausendstimmig bewillkommt,
Eil' ich in eurer Umarmung zu ruhn mit herzlicher Inbrunst.
War die Göttin mir gleich Begleiterin, dennoch erfüllt mich
Feurig der Drang, an euch mich zu schließen, der Mensch an die Menschen.
Euch viel näher verwandt schmiegt herzlicher, inniger, trauter,
Voll des wärmsten Gefühls, an das eure mein Herz sich, empfindet

Menschlicher. Traun! oft hat mein Busen dieses empfunden
Wann ich stand an dem Lager des ächzenden Kranken, und ringsum
Jeglicher Blick in dem meinen zu lesen suchte das Urtheil
Ueber Leben und Tod; doch dann auch, Heil mir! empfand ich's,
Wann ich der Blindheit Nacht wegnahm von dem Auge der Brüder,
Daß sie wieder den Tag aufglühn sahn, zitternd sich freuten
Ob dem erneuerten Wonnanblick der theuren Geliebten.
Rettungsdank, ihn ernten, entzückt mit der Wonne der Götter
Sterbliche. Rettungsdank zu verdienen, beginn' ich von neuem
Meinen Gesang zum Preis der genesungströmenden Urnen.

Jeglicher Heilungsquelle bewundernswürdigen Ursprung
Hab' ich kennen gelernt, und belauscht ihr kindliches Lallen
Dort wo die alte Nacht in schaurigen Grotten sie gängelt.
Muse, mit mir besuche sie nun in der Fülle der Jugend,
Wo sie zuerst dem Felsen entstürzt, mit Silbergesprudel
Freudig die Sonne begrüßt, und in schöneren Ufern dahin wallt,
Oder sich tief im Haine verliert, wo gaukelnde Weste
Sich an der kühlenden Welle die matten Schwingen erfrischen!
Doch, wo beginne, wo end' ich? Es faßt ja die Nahmen der Quellen
Keine Zahl; auch wär' es vergebens jede zu nennen.
Fruchtlos wär' es, im Liede die Nymfen alle zu preisen,
Welche der Vorwelt Barden mit Hymnen ehrten; es sind ja
Längst im Strome der Zeit die silbersprudelnden Urnen

Jener Najaden versunken. Kallirrhoe spielt mit den Schwestern
Nicht mehr unter den Palmen am Ufer der Quelle Phiala.
Juda wallet nicht mehr zu der salomonischen Tadmor
Quellen, die jetzo vielleicht im Sande der schweigenden Wildniß
Unter den moosigen Trümmern versiegen der alten Palmyra.
Selbst der herrliche Chor von Hellas Efydriaden,
Ach! er entfloh schon längst zum Korallenhaine der Mutter,
Dort in stiller Trauer zu weinen über Achaea's
Hingeschwundenen Ruhm. Ausoniens liebliche Nymfen
Laden nicht mehr mit Silbergesang das mächtige Volk ein
Aus hetruskischem Stamm. Die heilsamen Quellen zu Bajä
Lispeln mit lyrischem Ton in Flakkus Liedern allein noch.
Albion locket mich zwar mit seinen besungenen Hainen
Unter die freundliche Schar der perlengeschmückten Najaden,
Ladet mich ein an der sanften Avonia Feengestade,
Wo noch oft in der Sommernacht um die Grotte, die Shakspear
Einst als Knaben verbarg, Melodien der Geister ertönen.
Zwar winkt dort mir die Schwester mit ihren goldenen Zinnen,
Attischen Marmorgebäuden, mit ihren Hügeln und Gärten,
Wo sich die Zwillingsschwestern ergehn, Gesundheit und Freude;
Zwar in den Thalen der Alpen und Apenninen entrieselt
Mancher Genesungsbrunnen der moosbewachsenen Felskluft,
Und die Schallmayen der Hirten belauscht oft eine Najade,
Werth des Gesangs, und der Kränze, geflochten von euch, ihr Kamönen:

An der besegelten Wolga Gestad und in Tauriens Steppen
Nahm, o forschender Pallas, dich auf heilbringender Nymfen
Felsenbehausung; dir scholl in einsam bewanderter Wildniß
Zarizinens Gesang aus ihrer verborgenen Grotte.
Doch ich feyre sie nicht; mir winkt in Teutoniens Wäldern,
Reicht mir die Leyer der Barden das Vaterland zum Gesange.
Reich ist das heilige Land Thuiskons, reich an des Halmes
Frucht nicht allein, an Trauben, Gewild, Bergwäldern und Landseen;
Auch ergiebiger sind an weitgefeyerten Quellen,
Als die besungensten Höhn des Auslands, seine Gebirge.
Einigen unter der Menge der vaterländischen Nymfen
Tönt mein Feyergesang; nur einige will ich bekränzen
Mit den goldenen Blumen des Hains am hohen Parnassus.

Dich vor allen, dich grüßt mein Lied vor allen in Winfelds
Thal, o heiliger Born, du Göttergeschenk Hygieens!
Wo der Druiden Orakel vordem schon ehrten die Völker.
Seit Jahrtausenden wallet das Siechthum schon zu den Hallen,
Wo dein flüßiges Silber mit lautem Gesprudel emporquillt.
Weichlinge, die sich im Hain zu Pafos frühe verirrten,
Die den himmlischen Amor verkannten, den irdischen liebten,
Tauchen sich hier in die Flut, und Kraft kehrt wieder den Nerven.
Dein Heilwasser entwinkt die langsam sterbende Schwermuth
Ihrem Cypressenhain in der Fröhlichkeit rosenumblühte

Lauben; entwinkt Einöden den melancholischen Tiefsinn
Zu den blühenden Gärten, und grünen Gehegen der Freude.
Zu dir pilgert das Mädchen, ein zitterndes Opfer verschmähter
Liebe, der Jüngling zu dir, an dem die Liebe sich rächte.
Siehe, und Friedrich, dem Helden, entwölkte den Adlerblick einst
Dein ambrosischer Trank, und es reist in der glühenden Brust ihm
Mächtiger Thaten Entwurf! Im Cheruskawalde durchdrang ihn
Herrmanns kriegrischer Geist, und du stähltest zu künftigen Siegen
Ihm den gewaltigen Arm! Dein Ruhm sey ewig, wie Friedrichs!

Meld', o Muse, des Bades Entdeckung am Ufer der Töpla!
Unter dem lauten Getön hellgellender Hörner durchsuchten
Jäger das waldige Thal, und hinter dem fliehenden Damhirsch
Scholl der Doggen Gebell, daß rings erwachte der Nachhall.
Plötzlich stürzte das Wild im Entfliehn, und zappelt' am Boden,
Unten am Schenkel gelähmt vom heißaufsprudelnden Bergquell,
Der dort unter Wacholdergesträuch sich ergoß. Und berühmt ward
Bald das Genesungsbad, und Völker vom Morgen und Abend
Strömten herbey, wie vordem zum Orakel des felsigen Delfi.
Hier quillt Rettung dem Dulder der unaussprechlichen Martern
Jener Gesellin der Gicht, von einerley Mutter geboren.
Kalkulosuria heißet der Nahme dieser verhaßten
Quälerin; sie zu verjagen vermag oft keiner der Meister;
Selbst nicht dem Koer, und käm' er zurück aus Elysiums Hainen,

Wäre die höllische Macht des Ungeheuers bezwingbar.
Aber die Feindin ganz zu zermalmen rüstet geheime
Kraft dieß heilsame Bad. Zum Acheron flieht das Verderben.
Wie vom flutenden Nil Aegypten empfängt die Befruchtung,
Dann aus ebbendem Strom wie neugeschaffen hervorgeht,
Blühet: so steigt hier selber das Alter, gekrönet mit Jugend,
Aus der umfangenden Flut. Hier schleudert die Krücken der Krüpel
Weit von sich weg mit Gejauchz; hier stärkt sich der Lahme zum Reigen.
Jünglinge, welche den Pfad der sittlichen Tugend verließen,
Und an Cytherens Altären die Blüthe der Jugend und Unschuld
Opferten, baden sich hier, und den Wangen kehret der Frühling,
Aber die Ruhe der Seele, des Herzens edenischer Friede
Kehrt ach! nimmer zurück. Denn o! wo quillt ein Nepenthe
Für die Martern der Reue, die Qual des erwachten Gewissens?

Wem doch schweiget der Hain hochfeyerlich? Ist der Bezirk hier
Heilig dem örtlichen Gott? Ist hier ein Tempel der Nymfen?
Schlummert in moosiger Grotte vielleicht dort selber Bilina?
O du, welcher den Hallen sich naht der weißen Najade,
Tritt sanft über die Schwell, und erquicke dich! Lege zum Dank ihr
Auf den Felsenaltar des Frühlings helleste Blume,
Schweigend, und fleh um Gedeihn in festlicher Stille die Göttin!

Wo nun Töplitz empor sich hebt mit prangenden Häusern,
Anmuthsvoll von Gärten umringt und Rebengefilden,

Graunvoll wölkte sich hier die Nacht einst über der Heide,
Und die verkümmernden Adern der Heilflut rieselten fruchtlos
Hin in den Waldmorast, willkommen den borstigen Ebern,
Die, von der Heerde verirrt, im qualmenden Pfuhle sich wälzten.
Doch am dritten Tage verrieth ihr Geschrey sie den Hirten
Tief im innersten Forst. Hier hatten indeß um die Mündung
Weggewühlet den Schlamm mit dem Rüssel die grunzenden Eber:
Und es ergoß sich der Quell ungehindert mit grünlicher Welle,
Jetzt ein gepriesenes Bad, das Asyl qualduldender Kranken.

Aber wie rühmt mein Lied, Spanymfe, wie rühmt es dich würdig?
Fünf sind deiner Geschwister, und jegliche spendet die Fülle
Ihrer krystallenen Fluten zum Heil der leidenden Menschheit.
Dein Heilwasser entführt den Mutterquellen der Heimath
In's umliegende Land auf schwer hinrollender Achse
Jährlich der Handel, entführt auf Schiffen der kühnere Segler
Ueber den Rücken des Meers zu des Indus Reich und den Inseln.
Albion kennt dich, es kennt dich Hesperien, ach! und der Franken
Unglückseliges Volk, das jetzt in dem Blute der späten,
Allzuschrecklichen Rache den meuchelmördrischen Dolch färbt.
Ha! noch schmettern die Kriegsdrommeten, noch hallet der Donner
Dumpf in der Sieger Triumfausruf und der Fallenden Angstschrey;
Blut strömt über das Feld; Europa zittert; der Schutzgeist
Galliens flieht unwillig, und weint in der Oede den Hinsturz

Seines Reiches, wo jetzt die wüthende Furie Rachsucht
Sitte, Gesetz und Recht in die Acht erklärt und dahinwürgt. —
Kehr', o Friede zurück! Mit Sehnsucht harren die Völker.
Komm und pflanze Minervens lebendig grünenden Oelbaum
Statt des verdorrenden Freyheitsbaums in Galliens Ebnen.
Kehr', o Friede, zurück, und winde den heiligen Oelzweig
Meinem Vaterland um die Stirn auch! Führe die Streiter
Aus dem blutigen Felde zurück in die Fluren der Heimath,
In den empfangenden Jubelgesang zurufender Städte,
Und zu den sprudelnden Urnen der segensreichen Najaden,
Daß die geschlagne Wunde vernarbe, das zehrende Fieber,
Durch die Fäulniß entflammt, den verstümmelten Gliedern entweiche!

Feyre, Gesang, das Genesungsbad der pannonischen Nymfen,
Jeglichen Sommer besucht von den reichen Bewohnern der hohen
Kaiserstadt. Den Gehalt der weichen Gewässer erforschte
Jüngst erst Volta's Kunst; doch seit Jahrhunderten stieg schon
Aus den Strömungen hier bleichwangiger Siechlinge Menge,
Die der Genesung Glück verdankten dem kräftigen Heilbad.
Hier, ich bin es gewiß, hier hätte die brünstige Sapfo
Sichrer die wüthende Flamme getilgt, und Heilung gefunden,
Als durch jenen gefährlichen Sprung vom leukadischen Felsen
In das jonische Meer. Der Badende taucht sich gemächlich
Hier in die wallende Flut, und die lauliche Welle besänftigt

Mählich das glühende Blut in den Adern, empört von dem Fieber,
Das im Verborgenen flammt, und das Oel des Lebens verzehret.

Dich auch preise mein Lied, Selteria, liebliche Nymfe,
Deren Behausung sich wölbt in des Westerwaldes Umschattung,
Wo im klaren Forellenbach Filomele sich spiegelt.
Deinen Urnen entschöpft der denkende Fleiß der Erquickung
Nektar, und ehrt dich im stillen Gebet, und mit dankenden Hymnen.
Wem die stöhnende Brust einengt die Gewalt der Beklemmung,
Oder ein stockender Wust das feine Geäder der Lungen
Anfüllt, trinket den Quell, und athmet freyer die Luft ein,
Athmet den Frühlingsäther, durchwürzt mit balsamischem Hainduft.

Tadel verdiente die Muse, wofern sie zu nennen verschmähte
Dich, wohlthätiger Nymfenchor im Lande der Katten.
Zehn Stahlquellen, verkündet der Ruf, entrieseln in Schwalbachs
Waldigen Thälern dem hohlen Geklüft erzreicher Gebirge,
Jede mit Heilkraft schwanger, und reich an flüchtigem Aether.
Krankende, deren Gebrechen der Kunst der Meister nicht wichen,
Schieden getröstet von hier und dankten den helfenden Nymfen.

Bald wetteiferst du, bald! mit dem Chore dieser Najaden,
Nymfe, die dort an des Rheins Weinhöhn die Grotte bewohnet.
Traue der Muse, sie schaut der Zukunft ferne Gefilde.

Dieß weissaget ihr Mund: Bald bist du berühmt, wie die Schwester,
Kränze sprossen dir schon, wie sie Clevia's Locken umwehen,
Die nicht ferne von deinem Gebiet in dem Schatten des Lusthains
Spendet die silberne Flut dem hülfeverlangenden Kranken.
Nimm dieß Blumengeflecht, den Herold künftiger Kränze
Und unsterbliches Ruhms, nimm's, holde Nymfe! dir bringt es
Als ein Weihegeschenk die heilweissagende Muse.

Dein auch, Decia, warten hinfort Dankhymnen und Kränze,
Die dich unter den Menschen dereinst verherrlichen werden.
Bald wallfahrten zu dir, wie zum Born der gepriesensten Nymfen,
Mädchen und Jünglinge; bald entschöpft graulockiger Greise
Zitternde Hand dein helles, verjüngendes Wasser dem Urquell,
Wo's in der Fülle der Kraft, mit geistigem Aether geschwängert,
Nahe dem friedlichen Dorf vollströmenden Urnen entrauschet.

Dich auch segnete schon zahlloser Geretteter Menge,
Nymfe des Osterlands. Lustwälder und blühende Gärten
Pflanzt' ein gütiger Fürst um deinen gefeierten Quell her.
Allda verweilst du gern, wann still am sternigen Himmel
Wandelt der Mond, und die schlummernde Welt mit silbernem Flor deckt.
Zu dir gesellet sich oft des Thalquells Schwesternajade;
Und die verschwiegene Nacht lauscht euren erhabnen Gesprächen

Ueber das göttliche Amt, wozu der ewige Pan euch
Weihete: wohlzuthun, der Menschen Geschlecht zu beglücken.

Heil und Huldigung dir, Emseria, göttliche Nymfe!
Mütterlich nährte dich selbst die Natur in thauender Grotte,
Wo sie dich einsam erzog, und ewig blühend in Jugend
Sahst du Aeonen entfliehn. Alt ist dein Ruhm, Hygieens
Priester verehrten dich schon in den grauen Tagen der Vorzeit.
O sey, Göttin, hinfort auch jeglichem hold und gewogen,
Der mit frommen Gelübden dir naht. Vor allen erbarm
Dich der Verlassensten, die den bekümmerten Arzt um Genesung
Trostlos flehn, damit dich dereinst noch Sänger der Nachwelt
Durch unsterbliche Lieder verewigen unter den Menschen!

Welch ein gefälliges Opfer, o du, Schutzgöttin der Quelle
Dort an den Traubengestaden der Mosel, weihet der Dichter
Dir auf ländlichem Rasenaltar? Erfreun dich Violen?
Oder, gewunden zum Kranz, jungfräuliche Lilien? Liebst du
Mehr die festliche Rose, die Charis unter den Blumen?
Lieb dir sind Violen, noch lieber die festliche Rose,
Und am liebsten zum Kranz jungfräuliche Lilien; dennoch
Ist die willkommenste Gabe Gesang dir. — Wer den Najaden
Darbringt was er vermag, mit reinem Herzen, zum Opfer,
Solchen belohnt Wohlfahrt und Gedeihn in der Fremd' und daheim stets.

Trage, Begeistrung, mich hin zu den Höhn des wolkigen Taunum,
Den Wisbada bewohnt. Obsthaine, bekräuterte Wiesen
Schmücken das fruchtbare Thal; hinauf am sonnigen Abhang
Glüht fruchtschwer das Rebengeländer vom traubigen Herbste.
Siehe, die Lese beginnt, und der Most schäumt unter der Kelter,
Künftig die Freude des Mahls und die Labung des schwer Erkrankten.
Dir, o Nymfe, verdanket allein die balsamische Traube
Feuer und Kraft. Vielarmig durchströmt dein Quell des Gebirges
Kaltes Geklüft, verweilet in schaurigen Grotten, und spendet
Fruchtbarkeit aus: da füllet Gedeihn die schwellende Rebe.
Doch in der Traube Gold nicht allein vergeudest du Segen;
Denn im wimmelnden Thal grüßt unter lautem Gesprudel
Dein aufwallender Born den Tag als lauliches Heilbad.

Aachen, dich nennet der Ruhm vor vielen herrlichen Städten,
Denn du beherbergst gern in den alterthümlichen Mauern
Jährlich der Fremdlinge Schar; die Bekümmerten kommen beladen
Ach! mit Krankheitsqual, und die Wiedergeburt zu dem Leben
Ist das holde Geschenk, das ihnen die sanften Najaden
Nach der keuschen Umarmung zum Angedenken gewähren.

Winkt nicht Baden mir dort mit den grauen Ruinen der Berghöh,
Wo noch wandeln die Geister der alten Heroen im Mondlicht?
Die du mit Matthisson einst die bemoosten Trümmern der alten

Veste besangst, o Muse, so schön auch Echo die Töne
Wiederhallet, so viel dein Lied auch Herzen gewinnet,
Auch mich hat es entzückt, zum schöneren würden dich hier noch
Diese Ruinen begeistern, zum schönern die reitzende Gegend.
Schau, dort über der Stadt die Reihe der Traubengebirge,
Wo der schneitelnde Winzer den sonnigen Felsen hinanklimmt.
Schau, wie ringsumher aus purpurner Ferne der Thürme
Kuppeln, vom Abend beglänzt, herglühn, und hier in dem grünen
Thale der Strom die Bilder der farbigen Wolken zurückstrahlt!
Schau, wie der bläuliche Rauch dort abendlich über dem Landsitz,
Rings mit Hopfen umpflanzt, zum heitern Himmel emporwallt!
Welch anmuthiges Hirtengeheg dort winkt dem Naturfreund,
Der hier weilt, und um Wiedergenesung die Nymfe des Quells fleht,
Der am Fuße des Bergs einladet zum heilsamen Bade!
Welch ein Gewühl um den Dom der Najade! Welch ein Getümmel!
Schau, wie drängt sich der Schwarm der Gesunden und Kranken am Eingang
Rings um den Marmor her mit der halbverloschenen Inschrift,
Welche dem Wanderer sagt, daß schon in den Tagen der Vorwelt
Hier der Gebrechliche wieder empfing das goldene Kleinod,
Dessen Besitz den Genuß der holden Güter des Lebens
Einzig würzt, und dessen Verlust der Sterblichen letzte,
Letzte Reise zum Lande der nichtigen Schatten beschleunigt.

Schwebe, Gesang, vom Giebichenstein hinab in Salinens
Schattige Thäler, hinab in Lauchstädts Ebenen! Siehe,

Von des erwachenden Tags aufglühendem Schimmer geröthet,
Blinkt dort über dem Brunnen der Dom, aus Quadern erbauet.
Brecht, Saxoniens Töchter, an siegenden Reitzungen Hellas
Huldinnen gleich, an schlanker Gestalt und schwebendem Hergang,
Aber an zartem Gefühl den rosigen Mädchen von Lesbos,
Brecht mir Blumen im Hain mit euern Lilienhänden,
Leiht mir vom seidenen Haar, das euch um Busen und Schultern
Lockicht ruht, zur goldenen Fessel des duftenden Kranzes!
Flechtet ihn selbst, ihr Holden, und bringt ihn freundlich dem Sänger,
Daß er dort in dem Garten, im Dufte des dämmernden Fruchthains,
Der sie mit Blüthen beweht, die wandelnde Nymfe bekränze!
Euch wird lohnen dafür mit freundlicher Hülfe die Göttin,
Euch mit segnender Hand selbst reichen die Flut der Genesung,
Wann Morbonens Hauch die Purpurblume des Mundes
Plötzlich versenget und bleicht, und die Kraft austrocknet der Nerven,
Oder ein langsam Fieber umflort den Blick der Gesundheit,
Der sonst Herzen bezwang, und nun stilltrauernd verglühet,
Gleich dem erlöschenden Stern am Saum der tagenden Wolke.

Folget mir nach, ihr Bürger der Königsstadt, an das Ufer
Jenes besegelten Stroms! Dort nachbarlich quillet ein Brunnen
Im anmuthigen Thal. Hoch preisen die Meister der Heilkunst
Seine gesegnete Flut, die zum Heil dem entkräfteten Siechling
Strömt, und von neuem die Glieder mit Lebenswärme beseelet.

Wie sich um schmachtende Kräuter verbreitet des Thaues Erfrischung
Nach anhaltender Dürre: die Blumen erheben die Häupter
Wieder, und rings erröthet von purpurnen Keimen der Anger:
So durchdringet das Herz dem Badenden hier der Genesung
Wonne; Gesundheit wirft ihr Rosengewand um den Leib ihm;
Freudiger blicken umher die anmuthstrahlenden Augen,
Freudiger wallt in den Adern das Blut, die Wangen umströmt Glut.

Thüringens Auen, empfangt den Sänger und Freund der Najaden,
Daß er besuche den Quell der einsamen Nymfe zu Bibra.
Fleuch in dieses Gefild, o Freund, der entzogenen Muße,
Fleuch aus lärmenden Städten in diese verschwiegenen Haine,
Wo kein Laut, als jener von singenden Vögeln ertönet
Zu dem sanften Gelispel der lenzgenährten Wipfel.
Hier laß unter der Laubherberge die Nymfe dir reichen
Ihren Nepenthekelch, und athme den würzigen Feldduft,
Wann der Morgen den Schmelz vielfarbiger Wiesen bepurpurt.
Wie der östliche Strahl die fliehenden Schatten verkläret
Einer Gewitternacht, und die säuselnden Lüftchen der Frühe
Alle Gewölke zerstreun: so wird den düsteren Nebel
Der den Blick dir umflort, der Nelkenhauch der Genesung
Mählich verwehn; bald kehrt mit verjüngenden Strahlen die Sonne
Deiner Freuden zurück und übergüldet die Zukunft.

Muse, verschweige sie nicht, die heilsamen ländlichen Nymfen
Dort in Bohemiens Flur. Hervor im geselligen Landhof
Quillt vollwallend der Born der gelobtesten; viele der Schwestern
Strömen im freyen Gefild aus steinerner Urne die Salzflut.
Wessen Verdauung der Wust schwarzgallichter Schärfen verschlämmet,
Drin sich der Keim entwickelt zu langsam tödtenden Uebeln,
Die, wie der gierige Wurm die gesundeste Pflanze des Gartens,
Endlich die nährenden Wurzeln des Lebensbaumes benagen:
Ihm beut hier die Genesung den goldenen Becher der Heilung,
Und zu Tisifonens Reich entflieht das wüste Verderbniß.

Bist du Hesperiens Thälern entflohn, Egeria? Bist du
Jene Najade, die, gleich der helfenden Ilithyia
Einst anriefen die Mütter der weltbeherrschenden Roma?
Bist du selber die Göttin Egeria? Oder empfingst du
Nur den ehrenden Nahmen von Numa's ernster Gespielin?
Wer du auch seyst, dich grüßt mein Lied mit dem herrlichen Nahmen,
Nennt dich Egeria, Göttin und Helferin, weil du den Heilquell
Hier im blühenden Thal hinströmst zum Segen der Menschen.

Wenn nicht ernster Gesetze Verwaltung, o Hoym, Dich zurückhält,
Denen ein Volk willfährig gehorcht, deß Rechte Du schützest;
Du nicht eben verweilst in des Staats urkundendem Tempel,
Wo das gemeinsame Wohl Dein anvertrautes Geschäft ist:

Dann, Ruhmvoller, entneige Dein Ohr nicht dem Liede des Sängers,
Den die Muse zum Lob heilbringender Quellen begeistert,
Welche den Thälern und Höhn in Silesiens Gauen entströmen.
Selbst Du schufst den Dryaden und Nymfen den reitzenden Park ja,
Holder Gesundheit Lieblingsgang, Dein ländliches Tibur,
Dort an Viadrus Ufern, das jüngst Dein König besuchte,
Und die bescheidene Kunst mit Beyfallslächeln belohnte,
Sie, die erfindrisch der hehren Natur selbständiges Urbild
Nachzubilden verstand in dem hohen Geiste der Britten.

Seyd mir gegrüßt, ihr Sudeten! In euern arkadischen Thalen
Weilt die Begeisterung gern, und Hallers unsterbliche Muse,
Wandelt' in diesen Gefilden ihr Fuß, erhübe von neuem
Ihren entzückenden Flug, wie vordem zum Lobe der Alpen.
Reich sind eure Wälder an Heilungskräutern, und reich auch
Ringsumher das Land an heilsamen Quellen. Bezeug' es,
Du vor allen, du schönste Najade der grauen Sudeten,
Die mit wolkigem Haupt in deine Fluren herabschaun,
O Landecka! deren Krystall aus rauhem Gestein hell
Ueber bemoosete Klippen herab in das grünende Thal fällt.
Sage verbreitet, ein Hirt, zur Zeit wo des Sirius Gluthauch
Wälder und Saaten versengt, sey lechzend zur Quelle gekommen,
Aber sobald er des Wassers gekostet, habe sein Antlitz
Ob dem Schwefelgeruch sich verzerrt, und dem herben Geschmacke.

Doch die Gegend umher verdankt ihr Heil der Entdeckung.
Podalirius Enkel erkundeten dieser Gewässer
Kraft und Gehalt, und geboten der Schar bleichwangiger Siechen
Oft in das heilende Bad die gelähmten Glieder zu tauchen.
Wem entbrannt von der Glut, so lehrt die Kunde der Weisen,
Schwärt die Wimper der Augen, und trieft von giftiger Schärfe,
Wem ein zuckender Krampf den Leib mit Spannungen ängstigt,
Oder die krümmende Gicht auflöst das Gebein und die Sehnen:
Jedem zum Heil entstürzt Landecka's Urnen die Welle.

Gehe, Gesang, nicht vorüber der vielgefeierten Nymfen
Liebliches Kleeblatt dort in der wildromantischen Bergflur.
Jährlich schleicht um die Hallen der segensreichen Najaden
Müd und schwer, hohläugig und bleich die verdrossene Schwermuth,
Während die Grazie Freude mit frischen Wangen, und freyem,
Lockicht fliegendem Haar, wie der Schmetterling eine Cypresse,
Leicht sie vorüber schwebt, doch oft den rosigen Nacken
Umdreht, Thränen im Blick, und die Leiden der Dulderin mitfühlt.

Freunde begleitet mich hin, begleitet den Sänger zu jenem
Silbersprudelnden Born, der seinen gefälligern Nahmen
Einer der edelsten Frauen verdankt aus altem Geschlechte.
Hier wallt heitere Ruh durch stille, friedliche Schatten;
Hier umsäuselt der Geist der hohen Verklärten noch öfters

Ihre Geliebten; es weihte zum Genius dieser Gefilde
Ihn Allvater, und segnend umschwebt er in heiligen Nächten
Wie ein Silbergewölk den Sternengürtel des Himmels,
Also umschwebt er segnend den mondbeschimmerten Heilquell.

Werth auch ist des Gesangs die ländliche Nymfe zu Salzbrunn
Dort in den goldenen Auen des Fürstensteins. Mit den beiden
Schwesternajaden erhebt sie den Fuß zum festlichen Reigen
Oft in der duftenden Frühlingsnacht um den silbernen Heilborn,
Bis den Morgen die Schwalbe dem Dorf hellschwirrend verkündigt.

Reinerz, deinen Bewohnern ergießt ein heilsamer Bergquell
Seine perlende Flut. Die Nymfe dieser Gewässer
Ruht auf steinerner Urn' in der Grotte des Felsengebirges,
Aber zuweilen entschlüpft sie der Mooskluft, wallt an der Weistritz
Ufer im thauigen Gras und pflückt sich Blumen zum Kranze.

Dich, Skarsina, verschweigt nicht mein Mund. Dein stärkender Quell strömt
Jedem, der schöpfet und trinkt, den Balsam der holden Gesundheit.
Oft entfliehet der thürmenden Stadt einkerkernden Mauern
Pallas Geweihter, und sucht in deinen elysischen Gärten
Neues Lebensglück in der Jugend des purpurnen Jahres.
Zu dir flüchtet der Gram, einsiedlerisch saß er den Winter

Dort im dumpfen Gemach, und Schwermuth bleichte die Wang ihm;
Siehe der Elende trinkt dein flüssiges Silber, und lebet.

Huldiget, Saiten, der Nymfe, die dort in dem ländlichen Flinsberg
Oft sich zum fröhlichen Mahl mitsetzt in der Hütte des Landmanns.
Zürne mir, Göttliche, nicht, daß meine Leier nicht längst schon
Tönte dein würdiges Lob, und deinen verjüngenden Nektar
Pries der horchenden Welt. Schon lange liebt' ich dich, Holde,
Seit du den Rosen der Jugend auf meiner Glycerion Wangen
Wieder zu blühen gebotst. Dir weihe Silesiens Dichter
Seiner Begeisterung Flug, und steige dem Schwane vom Bober
Nach zum hohen Olymp, wo Friedrichs Ehre der Sternnacht
Blitzendes Diadem mit neuem Schimmer verherrlicht!

Was gedenk' ich der Nymfe, die dort in dem Thale der Freude
Unten am schroffen Gebirge bewohnt die dämmernde Grotte,
Wo sich ihr geistiger Quell ergießt? Was deiner, Codowa,
Deren erfrischende Flut aus sieben Mündungen herströmt?
Was auch endlich der sanften Najade, welche der schönsten
Bergstadt nachbarlich wohnt, und den Freund der hehren Natur oft
Winkt in das tempische Thal, wo des Kynasts ragende Waldburg
Abendlich glänzt, wann Hesper die Gipfel bestreut mit den Rosen
Aus dem glühenden Kranz, der seine Locken umduftet?
Hunderte kennen sie ja von Silesiens biederen Söhnen,

Hunderte, welche den Urnen der Nymfen Jugend und Frohsinn
Jährlich entschöpfen, und neu die Welt, und entwölkter begrüßen;
Hunderte kennen sie ja von Silesiens rosigen Töchtern,
Denen der Fluten Krystall, die purpurnen Adern durchströmend,
Kläret den Blick und den Demantglanz der Augen erneuet.

Gern' auch rühmte mein Lied dich, Nymfe des fruchtbaren Grünthals,
Doch dein heilsamer Quell strömt dürftig jetzt, und verachtet.
Vormahls warst du berühmt; dein Heilbad scheuchte das Siechthum,
Wie mir ein Weiser erzählt, und war der Gebrechlichen Zuflucht.
Ach nun rinnt es dahin in das Schilf des sumpfigen Weihers
Fruchtlos. Einstens vernahm mein Ohr dein elegisches Klaglied,
Als ich im blühenden Thal lustwandelte. Trauernd erhobst du
Aus den Schilfen dein Haupt und lispeltest: Wehe mir Armen!
All mein Ruhm ist dahin, und meine Kränze verwelket.
Kein mitleidiger Freund erbarmt sich mein, der Verlaßnen,
Ach und ich war doch tröstlich und hülfreich immer dem Elend,
Dem ich reichte den Kelch der Genesung. Wehe mir Armen!
All mein Ruhm ist dahin, und meine Kränze verwelket.
Also klagtest du. Mir scholl, wie der Aeolusharfe
Leises Getön, dein Abendgesang, und rührender stimmte
Ein in der Wehmuth Lied Filomelens flötende Kehle.

O wer leitet zum Tempel der fruchtbaren Fuldischen Fluren
Meinen Fuß, in die Rebengefilde der Fränkischen Saale,

Hin zu den Reigen der Nymfen in Würzburgs Auen? Ich komme,
Reicht mir die perlende Flut, ihr Najaden, reicht sie dem Sänger
Frisch, mit ambrosischer Hand! O nehmt in des innersten Haines
Kühlste Grotte mich auf, und laßt in der Frische mich ausruhn,
Daß von dem Nektar gestärkt sich mein Genius wieder erhebe,
Fortzuwandeln den Pfad, auf den ihn geführt die Begeistrung!

Erläuterungen.

Kallirrhoe. S. 35. Z. 1. Eine Quelle in Judäa, nicht weit vom Jordan, deren sich Herodes in seiner letzten Krankheit bediente. Phiale hieß die Quelle des Jordans.

Die heilsamen Quellen zu Bajä. S. 35. Z. 11. Bajä, oder Baja, eine kleine Stadt in Campanien, deren Heilquellen von mehreren römischen Dichtern, und nahmentlich vom Horaz, gepriesen worden.

Avonia. S. 35. Z. 15. Der Gesundquell zu Bristol in England, von dem nachbarlichen Fluß Avon so benannt, an dessen Ufer Stratford, der Geburtsort Shakspear's, liegt. Die Bäder zu Bath entspringen in derselben Gegend.

In Tauriens Steppen. S. 36. Z. 1. Die Sauerquelle bey Pogromma in Taurien. S. Pallas Reise. Th. III. S. 249.

Zarizinens Gesang. S. 36. Z. 4. Das Mineralwasser bey Zarizin (zu Sarepta in der Saratowschen Statthalterschaft,) ist gegenwärtig im russischen Reiche das berühmteste.

Am Ufer der Töpla. S. 37. Z. 10. Das berühmte Karlsbad in Böhmen am Töpelflusse.

Kalkulofuria. S. 37. Z. 21. Der Stein, calculus.

Dort selber Bilina. S. 38. Z. 17. Der Sauerbrunnen bey Bilin in Böhmen.

Der Franken unglückseliges Volk. S. 39. Z. 17. Diese Stelle schrieb der Verfasser um die Zeit, wo wie unser Klopstock sagt: „Gallia sich zur Wilden erniedrigte, schaffend sogar Marat, den Scheusal, zum Gott.“

Der pannonischen Nymfen. S. 40. Z. 13. Thermae pannoniae, die warmen Bäder zu Baden bey Wien.

Selteria. S. 41. Z. 3. Die bekannte Mineralquelle zu Nieder-Selters im Chur-Trierschen.

Im Lande der Katten. S. 41. Z. 13. Die Geschichtsforscher leiten den Nahmen der Grafschaft Katzenellenbogen von dem uralten deutschen Volke der Katten her.

Nymfe, die dort an des Rheins Weinhöhn. S. 41. Z. 20. Anderthalb Stunden von Bonn entspringt in der Nähe des alten Schlosses Godesberg ein sehr wirksamer Stahlbrunnen. In derselben Rheingegend liegt die Stadt Cleve mit ihrem Gesundbrunnen, der in dem schön angelegten Thiergarten entspringt.

Decia. S. 42. Z. 8. Unweit Diez an der Lahn quillt bey dem Dorfe Fachingen ein sehr kräftiger Heilquell, der aber bloß versendet wird.

Nymfe des Osterlands. S. 42. Z. 16. Das Mineralwasser bey Ronneburg in dem Theile des meißnischen Kreises, der ehedem das Osterland hieß. Der Hauptquell entspringt ungefehr tausend Schritte von der Stadt: eine zweyte Quelle liegt in einer andern Gegend des Thals, in dem sogenannten Eulenhofe, und heißt der Thalquell.

Emseria. S. 43. Z. 3. Die Emserbäder gehören unter die ältesten in Deutschland, und entspringen zwischen den Dorfschaften Embs und Tosenau in der Wetterau.

Dort an den Traubengestaden der Mosel. S. 43. Z. 14. Die lauwarme Mineralquelle bey dem Dorf Bertlich unweit der Mosel, im Churfürstenthum Trier.

Wisbada. S. 44. Z. 2. Das Wisbad quillt am Fuße des alten Berges Taunum in der Wetterau. Daß das Embser= und

Wisbad schon den Römern bekannt war, vermuthet man aus einer Stelle des Plinius, Lib. XXXI. Cap. 1. Sunt et Mattiaci in Germania fontes calidi trans Rhenum, quorum haustus triduo fervet.

Im anmuthigen Thal. S. 46. Z. 21. Die Mineralquellen bey Freienwalde, sechs Meilen von Berlin.

Dort in Bohemiens Flur. S. 48. Z. 2. Die Gesundquellen zu Sedlitz und Saidschitz im Leutmeritzer Kreise.

Egeria. S. 48. Z. 11. Das Egerwasser in Böhmen.

Den reitzenden Park. S. 49. Z. 4. Den schönen englischen Garten zu Dyhrnfurth an der Oder.

O Landecka. S. 49. Z. 18. Die Bäder zu Landeck in der Graffschaft Glaz.

Der vielgefeierten Nymfen liebliches Kleeblatt. S. 50. Z. 10. Die drey Mineralquellen zu Altwasser in Nieder-Schlesien zwey Meilen von Breslau.

Zu jenem silbersprudelnden Born. S. 50. Z. 18. Der Charlottenbrunnen bey dem Dorfe Tannhausen erhielt seinen jetzigen Nahmen von seiner ersten Besitzerin Charlotte, gebornen Reichsgräfin von Pickler, vermählten Freyfrau von Seher-Thoß.

Skarsina. S. 51. Z. 15. Die Mineralquellen bey dem Dorfe Skarsine, drey Meilen von Breslau.

Dem Schwane vom Bober. S. 52. Z. 10. Martin Opitz von Boberfeld, dieser treffliche Dichter, der an klassischem Sinn und Gedankenfülle über sein Zeitalter emporragt. Seiner Heimat gedenkt er selbst in dem Gedichte Zlatna, oder von der Ruhe des Gemüths:

„Ihr Thäler, ihr Gebirg', ihr Brunnen und du Strand
Des Bobers, da man mich zum ersten auf der Hand
Herum getragen hat.“

Friedrichs Ehre. S. 52. Z. 11. Das neue Sternbild zwischen Perseus und Kassiopea. Es ist aus einem Schwert, einer Feder, einem Oel- und Lorberzweige zusammengesetzt, worüber eine Strahlenkrone steht.

Im Thale der Freude. S. 52. Z. 13. Der Gesundbrunnen in der schlesischen Niederherrschaft Freudenthal.

Codowa. S. 52. Z. 15. Das jetzt so beliebte Mineralwasser zu Codowa in der Grafschaft Glaz.

Der schönsten Bergstadt. S. 52. Z. 17. Die Bäder zu Warmbrunn bey Hirschberg.

Nymfe des fruchtbaren Grünthals. S. 53. Z. 6. Bey Liegnitz in dem anmuthigen Grünthale entspringt eine Stahlquelle, die ehemahls häufig als Heilbad genutzt wurde. Jetzt ist sie ganz in Verfall gekommen.

Der fruchtbaren Fuldischen Fluren. S. 53. Z. 22. Die Mineralquellen zu Brückenau im Fuldischen, in welcher Gegend auch der Wernarzer Brunnen entspringt, so wie in den Thälern der fränkischen Saale das Bockleter, Kissinger und Sinnberger Mineralwasser.

Dritter Gesang.

Jetzo gebührt uns dem Wink Hygieens willig zu folgen
Zu des gefeierten Tempels orakelredendem Altar,
Wo den ehernen Tafeln der Rath der Weisen vertraut ist,
Wo der Göttin Hand mit diamantenem Griffel
Auch für den Trinker der Heilungsquellen die Regeln der Weihe
Eingrub. Ohne Gelübde gewähren die reinen Najaden
Nie der Genesung Glück; dem Gelobenden strömet allein nur
Ihr Heilwasser zum Segen. Wohlauf, ihr Musen, enthüllet,
Was euch Päon gelehrt, im Gesang, und bestreuet der Vorschrift
Oft zu dornigen Pfad mit des Pindus duftenden Blumen!

Wenn du zu kosten begehrst die Frische des Quells an der Grotte,
Wo die Nymfe dir selbst darreicht die Flut der Genesung,
Lerne zuerst recht wählen die Zeit zur glücklichen Heilung.
Wann am hohen Gebälk schon Progne die Nestlinge füttert,
Zefyr bereits im Gefild des Fruchtbaums Blüthen umherweht,
Wann der herrlichen Maja Gestirn herstrahlt in der Frühe,

Schon zur Heumahd schärfet die Sense der ämsige Feldmann;
Wann der feuchtende Frühling entflieht, und der heitere Sommer
Nun das schwellende Jahr mit strahlendem Zepter beherrschet:
Dann, ihr Siechen, enteilt, enteilt der verpesteten Stadtluft,
Eilt auf stäubenden Rädern den Berg hinan, und hinunter
Wieder zum Thal, hindurch den Wald zum reitzenden Tempe,
Wo die Nymfe des Quells euch zuruft frohen Willkommen.
Horch! so tönt ihr Gesang zum Empfang aus dämmernder Moosskluft:
Kommt, ihr Geweihten der Qual! Ihr Opfer der blassen Morbona!
Seyd mir willkommen im Thal! Für Lebenskummer und Mühsal
Quillt Vergessenheit hier; hier blühn hesperische Gärten;
Kein blauschuppiger Drache bewacht sie; hier ist das Eiland
Heiterer Ruh, wo jeder in sorgenzerstreuender Muse
Selige Tage verlebt; hier säuselt ein grünendes Dafne,
Lächelt ein duftendes Enna, bewässert mäandrischer Bäche
Silber ein tempisches Thal; ein Idyllenleben zu führen
Winkt ein Arkadien hier, wo jeder Jüngling ein Hirt ist,
Schäferin jegliches Mädchen; wo Grazien Tänze beginnen;
Ja, wo selber die Musen des Pindus goldenes Hainthal
Wiederfinden, und oft dem entzogenen Waller erscheinen,
Wann er einsam im Dunkel entlegener Schatten verweilet.
Naht euch ohne Verzug, ihr Heilungsuchenden, naht euch
Meinem Gebiet! Hier wird in der Kühle des luftigen Haines
Euch unsichtbar begegnen die lebensfrohe Genesung,

Euch mit dem Nelkenodem umwehn auf einsamen Pfaden,
Euch erquicken im süßen, balsamischen Schlummer, und huldvoll
Nach vollendeter Heilung zurück in die Heimat begleiten.

Sey's Emseria's Quell, wohin dein Roß dich getragen,
Sey's die bergige Flur der gepriesenen Spadakrene,
Oder das Felsenthal der eisbehangnen Sudeten,
Stets mit sorgsamer Wahl betrachte die Lage der Wohnung.
Laß dich warnen, ein Haus zu beziehn am sumpfenden Moorteich,
Wo nur Schilfe gedeihn, Irrlichter in nächtlicher Stille
Tanzen im feuchten Busch mit stygischen Dünsten umwölket;
Auch nicht im niedrigen Thal, von überhangenden Felsen
Rings umragt; in dem Schattendom des tieferen Forsts nicht,
Wo der belebende Nord die faulenden Blätter am Boden
Nimmer zerstreut, und der Zweige Gewölb kein Regen durchnetzet;
Nicht, wo von keinem Winde bewegt, der faule Morast ruht.
Keiner berede dich je dem Heerd hier deine Penaten
Anzuvertraun, und thürmte sich auch von penthelischem Marmor
Hier ein Palast mit hundert Gemächern empor in die Wolken.
Kiese die Villa dort an des Hügels bekräutertem Abhang,
Wo der blühende Quendel umher Gerüche verbreitet;
Wo den knospenden Tannen balsamischer Duft, und der reinste
Aether im Sonnenlicht entströmt; wo jeglichen Morgen
Durch dein Fenster, von Reben umrankt, das goldne Frühroth

Aus dem Schlummer dich weckt; an jeglichem Abend ein Bächlein,
Dessen Krystall durch rauhes Geklipp hinab in das Thal rollt
Dich in den Schlaf einwiegt mit leisem, melodischem Rieseln.
Oder gefällt dir mehr der ländlichen Hütte bemoostes
Halmendach, so liege sie dort in heiterer Freye,
Vorn mit Pappeln umpflanzt, dahinter ein schattiges Gärtchen,
Wo die Nachtigall ihr Nest in dem Haselgebüsche
Neben dem sanften Falle des Kieselbaches bewohnet.
Schau, dort winket dir auch der taubenumflatterte Landsitz,
Wo vielleicht ein alter Palemon in ländlicher Muße
Ruhige Tage verlebt; vielleicht ein Vertrauter der Musen,
Der dich in seinem romantischen Tibur gerne beherbergt;
Oder ein gastlicher Freund des menschenerhaltenden Feldbaus,
Der dem Fremdlinge gern in den Hallen seines Scillonte
Einzukehren vergönnt, und den Wanderer gerne bewirthet.
Dieß von der Wohnungen Wahl. Anjetzt, heilkundige Muse,
Melde, wie jeglicher soll der Heilung Weihe beginnen.
Wann das braune Gewölk am Saum der fliehenden Nacht sich
Sanft in röthlichen Duft auflöst um die Pforten des Aufgangs,
Und in der Heitre zerfließt zum schimmernden Schleier Hemerens;
Ringsum wirbelt der Wald mit tausend Stimmen; die Lerche
Schwebt im azurnen Aether mit glänzenden Schwingen und wirbelt
Fröhlich den Morgengesang; die balsamathmende Rose
Oeffnet den himmlischen Busen dem buhlenden Strahle der Sonne,

Die mit flüssigem Golde den Berg krönt; Tellus erröthet,
Gleich der erwachenden Braut, und prangt im blitzenden Frühthau:
Wenn euch dieses entzückt, und es euch kein Celsus verbietet,
Aus dem Gemache zu gehn, zu verlassen das weichliche Lager:
Dann eilt ohne Verzug, dieß ist die Stunde der Weihe,
Abzuschütteln den Schlaf; dann eilt zu den Hallen der Nymfen,
Schöpft mit hellem Krystall aus sprudelnder Urne die Frische,
Schöpfet und trinkt, wie er perlet und schäumt, den berauschenden Nektar!
Welch ein erfrischender Trunk! an begeisternden Tugenden reicher,
Als der kastalische Quell, der oft unheilige Trinker
Treibt zur rasenden Wuth, und selbst den Geweihten der Dichtkunst,
Den im innersten Hain Melpomene selber bekränzte,
Oft zu stürmisch entflammt, ihn treibt bey nächtlicher Lampe
Sich mit erbleichenden Wangen zum frühen Grabe zu singen.
Welch ein erfrischender Trunk! der selbst die Pfeile des Todes
Abzustümpfen vermag, und das schwarze Verhängniß zu fernen;
Der zum froheren Lebensgenuß die Sterblichen kräftigt,
Schärfet des Genius Blick, und die Sinne zum schönsten Verein stimmt,
Daß in dem Helden die hohe Begierde wieder erwachet
Nach unsterblichem Ruhm und lorberwürdigen Thaten;
Der um des Barden Stirn des Trübsinns Wolken zerstreuet,
Daß sein entfesselter Geist die Flügel rascher entfaltet,
Gleich dem steigenden Aar sich emporschwingt über der Schöpfung
Grenzen hinaus, und den Donnergesang der Sfären belauschet.

Welch ein erfrischender Trunk! der selbst des wankenden Alters
Erdwärts sinkendes Haupt, und den matten Blick, der das Grab sucht,
Wieder emporhebt, daß es sich gürtet von neuem zu leben;
Der den Jüngling erquickt, daß ihm das Leben zum Leben
Wird, er stark sich fühlt, nach großen Thaten zu jagen;
Der das Mädchen erquickt, mit den Purpurblüthen der Hebe
Ihm die freyere Stirn bekränzt, daß unter dem Kranze
Wieder die Schalkheit lacht, und den Liebling wieder bezaubert,
Der in der Heimat Auen der Wiedergenesenen harret.

Nie verleite der Rath des unberufenen Klüglings
Dich, in den köstlichen Gaben der gütigen Nymfen zu schwelgen.
Trinke gemach und wandle dabey! So lautet die Regel.
Duftig wehet der Morgen, und kühl; drum wandere langsam
Dort in dem Fruchtbaumwäldchen umher, und lausche dem Sumsen
Honigsammelnder Bienen im goldbeschimmerten Wipfel;
Oder geselle dich auch zu dem Schwarm der Waller im Dunkel
Gelblichblühender Linden, und heitre den Geist im Gespräch auf.
Ist dir ein Pylades unter der Menge, so wandle mit diesem
Unter sokratischem Scherz in des Lusthains grünen Gehägen,
Oder am ruhenden See, von dem Sommermorgen geröthet.
Bist du Verehrer des holden Geschlechts, kein strenges Geheiß wehrt
Dir auch hier an der Quelle der Nymfen den weiblichen Umgang.
Fruchtlos ist das Getändel der Fantasie für den Geist nicht,

Welcher sich abzuspannen gedenkt; umnachtet ihn Tiefsinn,
Eine Musarion, eine Diotima wird ihn erheitern.
Jünglinge, lauscht dem Gesang! ihn singt kein grämelnder Eifrer,
Dem die gerunzelte Stirn sich wölkt ob dem lieblichen Taumel
Selbst der edleren Liebe. Bekannt mit dem jungen Verlangen,
Das in dem zärtlichen Busen entflammt der Zauber der Schönheit,
Werd' ich durch finsteren Ernst nie wagen, euch in dem holden
Wahne zu stören, der euch in den süßesten Stunden vergöttert.
Ich auch habe geliebt; dieß Herz, noch warm, wie das eure,
Huldigt dem zarten Geschlecht; noch ruht dieß Auge mit Wonne
Auf der schönen Gestalt und den Zügen weiblicher Anmuth.
Fürchtet darum kein Tadlergesicht, das die Miene der Weisheit
Heuchelt, und Freuden verdammt, die selbst die strengere Tugend
Billiget. Aber vernehmt die Stimme der sanfteren Warnung.
Sittliche Grazie weihe veredelnd eure Gefühle,
Euer zartes Verlangen, und eure geliebteren Wünsche!
Fürchtet, sobald ihr diese beleidigt, den Zorn Hygieens.
Zwar an dem Schuldigen rächt sich nicht selbst der Göttinnen beste,
Nur zum Segen der Welt erkor sie der Vater der Menschen,
Aber sie wendet sich weg von dem Frevler, und winket der hehren
Nemesis. Wehe dem Unglückssohn, den diese verfolget!
Wem mit richtendem Ernst die Vergelterin Böses verhänget,
Solcher entrinnt auf Erden hinfort herznagendem Gram nicht.
Freundlos irrt er umher, und klagt sein banges Geschick nur,

Bey wehdrohender Vögel Geächz, einödigen Wäldern.
Für ihn bekränzt umsonst sich der May; sein hellester Wohllaut
Tönt ihm wie Todtengesang. Und ach! wie welket die Blüthe
Seiner Wangen dahin! Wie bleicht frühzeitiges Alter
Ihm die Locken! Beweint ihr Nymfen, beweinet den Jüngling!
Ihn zu retten vermag selbst euer belebender Quell nicht;
Denn Hygiea zürnt, und Nemesis rächet die Göttin.
Doch bey der goldenen Schale der Enkelin Päons beschwör' ich
Dich, zartfühlende Freundin, und jeglichen Trinker der Heilflut,
Selber den Wonnetaumel der hohen veredelten Liebe
Hier an den heiligen Quellen zu fliehn. Gefährlicher Taumel!
Wo der Geist entschwebt in das Reich der lieblichen Träume,
Hin in das Feengebiet des dichtrischen, goldenen Alters,
Und in die Zaubergefilde der holden, milesischen Mährchen;
Selbst dem Gesunden gefährlich, wofern er allzu begierig
Schlürft das bezaubernde Gift der schwärmerisch süßen Gefühle,
Welches zuletzt die Blüthe der männlichen Tugenden tödtet.
Noch unseliger ist verschmähter Zärtlichkeit Angsttraum.
Hoffnung, Sorgen und Furcht, und die Martern der wüsten Alekto
Eifersucht, wie zerquälen sie wechselnd den Busen des Armen!
Wendet, ihr Götter, von jedem Geweihten besserer Liebe,
Wendet den schrecklichen Wahn, und straft damit den Verbrecher,
Straft den Wüstling damit, und den schlauen Verführer der Unschuld!

Schützet vor diesem Jammergeschick, o schützet vor allen,
Die den Urnen der Nymfen entschöpfen den Trunk der Genesung!

Einmahl ist nicht genug, den schäumenden Becher zu leeren,
Angefüllt mit der Flut der gesundheitgebenden Quelle.
Mehrmahls kehre zurück zu den Hallen der guten Najade,
Schöpfe von neuem und trink und wandele wieder nach Willkühr,
Bis die neunte der Morgenhoren entzündet den Mittag,
Schon im schwüleren Aether der Thau der Wiese sich auflöst,
Filomele bereits verstummt, und die leichtere Frühkost
Dich von dem Morgengang einladet zur dämmernden Laube.
Wann der Himmel entglüht, der sanften Etesien Hauch nur
Leise die nickenden Halmen bewegt im sonnigen Saatfeld,
Nur eintönig der Sommergesang der braunen Cikade
Noch in der Mittagsglut durchschwirret die laubigen Wipfeln:
Dann vollbring Hygieens Gebot. Der schattige Dom winkt
Dich in seine verschwiegenen Marmorhallen zum Bade.
Deine Glieder umfange mit schmeichelnder Welle die Flut hier.

Einst in der Jugend der Welt, wo noch ungeschwächt von der Krankheit
Gliederlösendem Gift der Menschen schöne Geschlechter
Blüheten, tauchten Gesunde sich nur in das stärkende Strombad.
Religion und Gesetz gebot den Völkern des Aufgangs
Reinigung, eh sie zum Mahl sich lagerten, oder am Altar

Opferten. Jünglinge stählten den Arm zur Schlacht in dem Seebad,
Schwammen entgegen dem Strom, abhärtend die nervigen Glieder.
Nach mühseliger Heldengefahr in Thrinakiens Eiland
Spülte sich wieder am Thermopyl die Kraft des Herakles
Ab den Staub und den Schweiß, und es kehrte dem badenden Halbgott
Wieder die mächtige Stärke zurück, die Löwen besiegte.
Sparta stürzte sich einst in die Strömungen reißender Flüsse,
Und es entstieg ein Geschlecht der Heroen der kalten Krystallflut,
Todverachtende, löwenbeherzte Tyrannenbezwinger.
Doch als mählich das Heer hinraffender Seuchen hereinbrach,
Siechthum die Menschen ergriff, und ein früheres Alter des Jünglings
Locken versilberte, priesen der Heilkunst Meister das Bad an,
Bleicher Entkräftung zum Heil. Der Vater der koischen Schule
Lehrte zuerst der Bäder Gebrauch den freyen Pelasgern.
Als, entarteter schon, sich die stolzen Quiriten entnervten
Beym Falernerpokal, und am Busen schlauer Korinnen,
Sendete Musa's Kunst den Imperator gen Bajä,
Und in der keuschen Umarmung der Nymfen krönte Genesung
Ihn mit schönerem Kranz, als Rom ihm gab im Triumfzug.
Tuskische Nymfen, warum ach! flocht die neidische Parce,
Euern gefeierten Urnen zur Schmach, zum Jammer der Mutter,
Seinem Marcellus den Kranz aus Zweigen der düstern Cypresse?
Taub ist, ruft ihr zurück, das Ohr der eisernen Parce,
Dunkel der Vorsicht Rath; labyrinthisch die Wege des Schicksals.

Tröste dich, Schatten des Musa! Noch heut entsteigen nicht alle,
Froh der Genesung, dem Bad, noch heute bekränzt die Cypresse
Selbst an dem Heiligthum der Najaden die Schläfe des Jünglings,
Und mit Rosen bestreun sein Grab nachweinende Mädchen.
Menschen und herrliche Werke der Menschen, selber der Erdkreis,
Also will es der Ordner der Welt, gehn unter im Zeitstrom,
Der mit dumpfem Getös hinrollt in die Tiefe der Urnacht,
Und ihr Gebiete bedeckt mit dem Raube zertrümmerter Welten.
Siehe, der Wanderer findet, wo Baja's Marmorpaläste
Prangten, gesunkene Trümmer. Sein Laubnetz hänget der Efeu
Um das Gebälk; den Fuß korinthischer Säulen umwuchern
Nesseln und Sandriedgras. Einst thürmten sich blühende Städte,
Wo kein Leben sich jetzt mehr regt. Durch prächtige Gassen
Strömte der Bürger Gewühl einst her und hin mit Getümmel,
Gleich Ameisen im Sommergefild voll reifender Ernten.
Ueber den Markt hin rollten und her goldschimmernde Wagen,
Denen der Reisigen Schar nachzog. Auf luftigem Söller
Standen geschmückt holdselige Fraun und rosige Mädchen,
Welche den prangenden Zug ansahn, und den Gruß des Erwählten
Durch ein freundliches Lächeln erwiederten. — Aber dahin schwand
Römischer Größe Gewalt und Glanz. Vulkane verheerten
Jene gefeierten Tempel und weitgepriesenen Gärten,
Wo, mit Myrten bekränzt, Roms Helden, wie zärtliche Schäfer,
Bey der Vögel Geflöt und dem lauen Gesäusel der Weste

Wandelten, oder in junger Platanen Umschattungen irrten,
Wann der Liebe Gestirn am grünlichen Abendhimmel
Funkelte. Stille des Tods umruht die reitzende Meerbucht,
Wo zum Feste Cytherens am duftenden Zaubergestade
Hallte das weiche Gelispel der Flöten in laulicher Dämmrung.
Bienen entsumsen dem hohlen Geklüft der zerborstnen Granitwand,
Wo sie gebaut ihr Honiggewirk. An dem hohen Gewölbthor
Höhlte der Tropfenfall des Regens die steinerne Schwelle.
Aus dem Dom von Porfyr, im Ruin der moosigen Hallen,
Die der Liebe Geflüster und zärtliche Seufzer vernahmen,
Flattert das Volk der Raben empor, haust Graun und Verwesung.
Dort wo sonst an Lyäus Altar den etrurischen Festkrug
Feurige Knaben bekränzten, und hoch in der Väter Gesang ihn
Priesen, den fröhlichsten Gott, weht schwermuthsvoll, wie um Gräber,
Durch das wankende Schilf im Gesümpf des Frühlinges Odem.
Oed ist jetzt und stumm das Gefild rings um den Tiburnus,
Wo sich ein Cäsar einst alabasterne Bäder erbaute,
Wo sich ein neues Athen erhob, ein freundlicher Wohnsitz
Für die bildenden Künste, die schwesterlich hier sich umarmten.
Ueber des Prachtbaus Schutte durchfurcht den Acker die Pflugschar.
Pästums Rosen verhauchen nicht mehr um die Locken des Mädchens
Würzigen Duft, des Mädchens, das ohne Verschleirung und Gürtel
Grazien gleich dem Bad entstieg. Die Thränen der Musen
Flossen noch jüngst in diesem Gefild, als endlich der Lorber

Selber verdorrete neben der Urne des römischen Barden.
Schatten des Maro, vergieb! Ich huldigte diesen Gefilden
Nur mit flüchtigem Blick. Der schönen Parthenope Fluren
Sind zwar heilig dem Dichter, und gern besucht er die Stäte,
Wo du vor Zeiten gewandelt, wo deine ländliche Muse
Sang ein askräisches Lied; allein mich winkt in der Heimat
Schooß die Göttin zurück, der meine Leier geweiht ist.
Schatten des Maro, vergieb! Ich folg' ihr, die mich begeistert.

Jetzo vernimm die Gebote, mit welcherley Speisen vergönnt ist,
Während die Weihe dauert zur frohen Wiedergenesung,
Dir zu besetzen den Tisch. Zwar bebt die schüchterne Muse,
Solches in Worte zu fassen; es weigert die Sprache den Ausdruck;
Doch ich gürte mich kühn unwegsame Pfade zu wandeln,
Wo nur einzelne Blumen entsprießen dem rauheren Boden,
Duftende Kränze zu reihn zum Schmuck der aonischen Mädchen.
Gleich Einsiedlern zu fasten, zu darben am reichen Naturmahl,
Ist nicht der Göttin Befehl, nur Prassergerichte versagt sie.
Mäßigkeit, unterm Gefolg Hygieens die lieblichste Huldin,
Sey Vorlegerin dir. Demeter besetze vor allen
Dir mit dem Marke der Aehre den Tisch, mit Früchten Pomona,
Pales mit nährender Milch, und, wenn die Gewalt der Gewohnheit
Fordert des Fleisches Genuß, mit der Blüthe der röthlichen Heerde,
Oder dem heurigen Spätling der Trift. Dir nähret der Bergforst

Zartes Gewild, den Fasan, das Haselhuhn und den Birkhahn.
Daß zu kosten dir nimmer gelüste von jenem Gefieder,
Welches im Schilfmoor nistet der Wildniß, oder den Sumpfteich
Mit Schwimmfüßen durchrudert! Sein Fleisch zwar nennet der Prasser
Schmackhaft; doch dich verleite sein Lob zum verbotnen Genuß nicht!
Nur des Ackerers Hunger bezähmt die böotische Nahrung,
Welche der Bataver preßt, und der Hirt in den Thalen der Alpen.
Ceres Geschenk, zu festen, gequollenen Klumpen geründet,
Und in dem wallenden Kessel zum zähen Teige verdichtet,
Sey nur dem Fröhnling und Drescher ein vielwillkommnes Gerichte.
Nur die Kraft des Athleten verdaut die gesalzene Nahrung,
Durch den Rauch des Heerdes gehärtet im rußigen Schorstein.
Feindlicher aber der Dauung und unheilbringender ist ihr
Keinerley Kost, als thierisches Fett und das Oel der Gesäme,
Sammt dem schmeidigen Mark der dunkelgrünen Olive.
Auch der Speisen Genuß, von Indiens feurigster Würze
Duftend, verwehrt dem Siechen der Rath heilkundiger Männer.
Nie belaste den Tisch der gallischen Küche Gemengsel!
Nie, wenn selbst dir ein König sie rühmte, die scharfe Polenta!
Fürchte den Brauch, das Mahl zu beschließen mit künstlichem Naschwerk,
Das den befriedigten Gaum anreizt zum lüsternen Hunger.
Traun! ein Feind Hygieens erfand den heillosen Misch einst,
Allzugeschickt durch Außengestalt den Näscher zu locken,
Daß er begieriger ihn zu seinem Verderben genießet.

Aber wie preist mein Lied den Freund einfacher Gerichte?
Siehe, die Dörferin bringt in dämmernder Frühe des Hofes
Zartes Geflügel ihm dar, und die Zucht blauhalsiger Tauben;
Bringt im reinlichen Korb ihm der Eyer gesammelten Vorrath,
Die sie dem Neste geraubt, bevor dem zerknickten Gehäuse
Unter der brütenden Mutter entschlüpften die piependen Kindlein;
Bringt ihm, träufelnd von Thau, vollsaftige Gartengewächse,
Süße, balsamische Kräuter und nahrunggebende Wurzeln,
Liebliche Sommerfrüchte, geschirmt mit Laub, und den Nektar,
Den aus weißlichem Klee, süßduftenden Linden und Thymus
Aemsige Bienen gesaugt, und in wächsernen Speichern bewahret.
Selber die Nymfen ernähren in ihrem krystallenen Reiche
Ihm das behende Geschlecht der silberfloßigen Fische,
Braungesprenkelte Schmerlen, und rothgefleckte Forellen,
Die vor allem Gewimmel der Wasserwelt die Najaden
Sich zu Lieblingen kohren, wiewohl die glänzende Schleihe
Schönere Farben spielt; und mit goldenen Schuppen bedeckt prangt
Denen die Gütigen selbst mit eigenen Händen die Atzung
Ueber den Perlengrund in den feuchten Behausungen hinstreun,
Und sich am fröhlichen Spiele der launigen Schwimmer ergetzen.
Kiese für deinen Tisch vor allen Wasserbewohnern
Auch den Salm und den Hecht, und den silberschuppigen Börs noch.
Aus den Korallenpalästen der Thetis in salziger Meerflut
Sey dir, wie meinem Schmit, nur willkommen die zarte Sardelle,

Bald zur Abendkost, und bald zum Gewürze der Brühen!
Auch das Geschenk Neptuns, die gepriesene Auster, vergönnet
Dir ein kundiger Arzt, wenn deinem Geschmack sie genehm ist.
Doch zu bestimmen vermag selbst Päon der Nahrungen Wahl nicht;
Jenem behagt ein Genuß der andern in Gift sich verwandelt.
Jeglicher sey sein eigner Berather, oder erkunde,
Was ihm frommet, und was ein unergründlicher Abscheu
Ihm zu kosten verbeut, den noch kein Weiser enträthselt.
Zückert lehre dich endlich den Vorrath heilsamer Speisen,
Welche dem schwer Erkrankten und wieder Genesenden fruchten.
Rheinwein kröne das Mahl! Im goldenen Becher vermähl' ihn
Mit dem lautern Krystall des bluterfrischenden Heilquells.
Während das flüßige Silber sich unter Geschäum und Gesprudel
Rasch mit dem blinkenden Traubengold im Pokale vereinbart,
Trinke den perlenden Trank, der alle Sinne begeistert.
Labender ist kaum jenes Getränk der ceylonischen Palmfrucht,
Das in der Sandeinöde den durstigen Wandrer erfrischet.
Lieblicher würzt kein Quell den herzerfreuenden Becher,
Duftend von Bacchus Geschenk, als der Selteria's Urnen
Silbern entströmt. Doch wohnt den Hallen des heiligen Bornes
Nachbarlich ein Najade, mit deren Krystall sich der Wein auch
Brausend vermählt, und herzerquickend im vollen Pokal perlt.
Hast du solches vollbracht, dann laß nicht während dem Nachtisch
Dich beschleichen den Schlaf. Mit lethäischem Mohne bestreut er

Sonst die Schläfe dir, ach! und du sinkest in dumpfen Schlummer,
Aus dem trüb und bewölkt du wieder erwachst, und entkräftet.
Suche den schattigsten Gang, und mische dich unter die Menge,
Wo man mit fröhlichem Scherz die zögernden Stunden beflügelt.
Oder wofern du liebst allein zu seyn, so durchblättre,
Was mit treffendem Witz ein Rabener schrieb und ein Wieland.
Mehr noch frommt es, den alten Gesang des grajischen Barden
Laut und in vollerem Ton von der Lippe strömen zu lassen.
Kräftigend hebt und erweitert den Geist die Bewundrung der Großmacht
Tapfrer Heroen mit Göttern im Kampf; und heilsam bewegen
Durch der geflügelten Stimme Gewalt sich des Lebens Organe
In der erschütterten Brust. Reitzt dich landliebender Musen
Feldlied mehr, so bild es mit sanfterem Laute dem Ohre,
Leicht und schön, und erheitre dir so die einsamen Stunden.
Eins nur müsse dir jetzt dein Genius warnend verbieten,
Glühte vielleicht in der Brust der Begeisterung Funke dir selber:
Weder den Helden mit Lorber noch das arkadische Mädchen
Unter den Lämmern mit Blumen, im eigenen Liede, zu kränzen.
Ach! schnell welkte der Kranz; dein Lied, mißtönend, versänke
In der Vergessenheit Nacht; dich selbst, frühalternd, umwölkte
Düsterer Ernst, und dir reichten umsonst die Nymfen den Heilkelch.

Andre Zerstreuungen sind noch übrig die Zeit dir zu kürzen.
Einige lieben das Spiel mit dem elfenbeinernen Balle,

Den der Spielende weiß mit hingeheftetem Blicke
Und mit gemessenem Stoß auf grünem Teppich zu rollen,
Daß er behend, wie der Pfeil zu dem Ziel, in das Netz mit Getös eilt.
Oftmahls sah ich den Freund der Musik die Stunden beflügeln,
Der den Cremonasaiten entlockte melodische Töne,
Oder die sanftere Flöte mit Zefyrhauche beseelte.
Dir, tonkundiges Mädchen, gebührt's an die Harfe gelehnet,
Durch die fröhlichsten Töne mit rosigen Fingern zu rauschen,
Oder ein lesbisches Lied zur klingenden Laute zu singen.

Diesen Gesetzen getreu, fand jüngst Arete, die Gattin
Meines geliebten Theofron in Spa's Elysium wieder
Was ihr die Krankheit nahm: Cytherens blühende Reitze,
Ha! und den schöneren Zauber des Geistes, den weiblichen Frohsinn.
Felderdbeeren, und was noch von milden Gewächsen der Sommer
Zeitiget, lockeres Brot, mildnährende Pflanzen und Wurzeln
Schmückten das ländliche Mahl, und alter, balsamischer Steinwein.
Nüchternheit deckte den Tisch; als Truchsin würzte die Freude
Jedes gesunde Gericht; und der Witz des launigen Yorik,
Oder die Scherze der Margot mit ihrem grämelnden Freunde,
Den die Liebe getäuscht; dein holdes Geschwätz, o Musäus,
Wenn mit der Zitter der Mährchen, die dir Thalia besaitet,
Du von Dorfe zu Dorf, ein reisender Minstrel, umherziehst,
Machte die Heitere froh, schuf Hebens rosiges Lächeln

Ihr um den freundlichen Mund, und erhöhte die Frische der Wangen.
Jugendlichschön, wie der May, wann unter den Hymnen des Hains er
Sanft erröthend erwacht an Florens duftendem Busen;
Hold, wie die junge Dione dem Meer entstieg, und zum grünen
Ufer der Perlenwagen sie trug auf murmelnden Wellen:
Also kam sie zurück in des liebenden Gatten Behausung.
Süßes Gefühl des Wiedersehns nach langer Entfernung!
Was gleicht unter dem Monde der unaussingbaren Wonne,
Welche die Liebenden dann in der ersten Umarmung beseligt!
Häusliches Glück, du bliebst allein von des goldenen Alters
Paradiesischen Freuden zurück auf Erden, und rufest
Oft sie alle vom Himmel zurück, wohin sie geflohen.
Unschuld, fröhlicher Muth, Eintracht und goldene Treue
Ha! sie steigen herab auf morgenröthlichen Wolken,
Gleich den strahlenden Göttergestalten der herrlichen Vorwelt,
Unter dem wirthlichen Dach zu wohnen mit ihren Geweihten.
Friede sichert den Heerd und facht die Glut mit dem Oelzweig,
Daß sie lodert und flammt, gleich Vesta's ewigem Feuer.
Himmlische Großmuth, reines Vertraun, vollherzige Liebe
Sind des Hauses Penaten, und freundlich pfleget die Güte
Ihres Altars, und streut in die Flamme köstliches Rauchwerk.
Häusliche Ruh baut unter dem Dach ihr sicheres Nest sich,
Und die Zufriedenheit würzt zum frohen Genusse das Leben.
Heiter und mild naht endlich der Abend, ein freundlicher Herold,

Der den Beglückten verkündet des Tages verklärteren Aufgang
Drüben in himmlischen Aun. Die Fackel des irdischen Hespers
Zittert, verlöscht, und mit breitem Gefieder decket die Nacht sie,
Bis zum großen Erwachen am festlichen Morgen der Schöpfung.
Also fließet ein klarer, melodisch rieselnder Bach hin
Durch ein Ufer, worauf der Lenz ausruht in den Blumen;
Tiefer im Thale verbirgt er sein silbernes Haupt in der Erde
Kühlem Geklüft, um bald von neuem in schöneren Auen
Heller emporzuströmen, und über Perlen und Goldkies
Durch ein Eden zu gleiten, wo rings ein ewiger Lenz blüht.

Allzulange verschloß ich den Gram um die traute Genossin
Schon in der Brust, schon allzulang verstummte den Manen
Meiner Lina der Saite Getön; jetzt wecket Erinnrung
Mir den innigsten Schmerz und nicht länger erduld' ich ihn schweigend.
Jetzt wehklage, mein Lied! dich selbst auch liebete Lina.

Ach! wir hoffeten einst, o du! wie nennen sie dort dich,
Wo du dem Bruder nunmehr in elysischen Hainen gesellt bist?
Freudig hofften wir einst in der Abendspäte des Lebens
Beide zugleich in der Ruhe Gefild hinüber zu wallen,
Wenn in gemeinsamer Urne versenkt nun unser Gebein lag:
Doch wir hofftens umsonst, das seltene Glück. Früh trennte
Weil dein Morgen noch schien, Holdselige, trennte der Tod uns.
Ach, wir hofftens umsonst. Zu rein, um länger zu weilen

Hier im Staub, entfloh dein Geist zu seinem Geburtsland,
Allzufrüh für unseren Bund in den Hütten der Trennung,
Wo du verklärungsnah schon wandeltest, hold wie die Tugend,
Der dein seliges Leben geheiliget bis in den Tod war!
Wo wart ihr? Ach! welches Gefild, Schutzgöttinnen hielt euch
Als am schwüleren Tag die Gefahr wuchs? Rettende Nymfen,
O wo wart ihr? Warum, heilbringende Mächte, warum nicht
Eiltet ihr beyzustehn der Verschmachtenden, ach, in des Sommers
Dörrender Glut? — Umsonst gelobet' ich Dankhekatomben
Feierlich darzubringen den Himmlischen; nirgend erschien mir
Flehenden, nirgend ein Gott, der unserer Noth sich erbarmte.
Helfende Nymfen, ihr selber erhöretet eures Geweihten
Ruf nicht; kund war euch des Verhängnisses hehre Gewißheit:
Daß die menschlichste Seele die Gottheit würdigte, früh schon
Einzugehn in die große Versammlung seliger Geister.
Sey den Deinigen hold, frühglückliche Seele! vergiß nicht
Uns, wir hoffens zu dir, in der Seligen Hütten, und bleibe
Wenn mein Flehn dich noch rührt, du Liebende, bleibe der Treuen
Schutzgeist, welche dich einst anbeteten, ach, und dir jetzo
Zwar mit Thränen, allein mit den sanfteren Thränen der Hoffnung,
Dich in Elysium wieder zu sehn, die Urne bekränzen.

Erläuterungen.

Wo den ehernen Tafeln. S. 63. Z 3. In dem Zeitalter Griechenlands, wo die Heilkunst noch in den Tempeln ausgeubt wurde, grub man die Nahmen der Kranken, ihre Krankheit und die Mittel, wodurch sie geheilt wurden, in metallene Tafeln oder Säulen. Einige Inschriften dieser Weihtafeln (tabulae votivae) haben sich noch bis auf unsere Zeiten erhalten. S. Hundertmark de incrementis artis medicae per expositionem aegrotorum in vias publicas et templa. 4. Lips. 1749.

Der herrlichen Maja Gestirn. S. 63. Z. 16. Mit dem Frühaufgange der Plejaden, oder des Siebengestirns, begann den Alten die angenehme Sommerzeit, oder der Spätfrühling. Die Plejaden waren Töchter des Atlas, und eine davon, die Mutter Merkurs, hieß Maja.

Spadakrene. S. 65. Z. 5. Die Spaquelle.

Wo den knospenden Tannen. S. 65. Z. 21. Der liebliche Geruch der Tannenblüthe hat sehr viel Aehnlichkeit mit dem Dufte der Weinblüthe. „Gesunder kann wohl, schreibt Lentin, die Luft zu keiner Zeit seyn, so gefährlich man auch die Gerüche macht, die Blumen in verschlossenen Zimmern streuen. — Oft habe ich gedacht, drey Wochen Aufenthalt in solcher herrlichen Luft würde die langwierigsten Lungenschäden sicherer und weit angenehmer heilen, als das Kontubernium im Kuhstalle."

Der reinste Aether im Sonnenlicht. S. 65. Z. 21. Nach Ingen-Houß Beobachtungen entlocket das Sonnenlicht dem Pflanzengrün eine große Menge deflogistisierter Luft. Am meisten strömt die untere Fläche der Blätter diese Luftart aus, die, weil sie schwerer ist als die gemeine, sich von den Bäumen als ein wohlthätiger Regen in die Tiefe senkt, und die atmosfärische Luft verbessert.

In den Hallen seines Scillonte. S. 66. Z. 14. Der Nahme von Xenofons Landgute im Peloponese.

Bey der goldenen Schale der Enkelin Paons. S. 71. Z. 8. Pausanias unterscheidet ausdrücklich die Tochter des Asklepios von der Göttin Pallas Hygiea, welche zu Athen verehrt wurde. Erstere, die Tochter Aeskulaps, dessen Mutter Koronis, nach einem thessalischen Mythus, Apollon heimlich umarmte, hatte ihre Tempel bey Titane, Epidaurus, und an mehrern Orten Griechenlands, und wurde vorgestellt als ein blühendes Mädchen von schlankem Wuchs, in einen langen Talar gehüllt. In der Hand hielt sie eine Schale voll Maza, oder Gerstenbrot, woraus eine Schlange fraß. S. Versuch einer pragmatischen Geschichte der Arzneykunde von Kurt Sprengel. Erster Theil. S. 119.

Die Kraft des Herakles. S. 72. Z. 4. Oder des Herkules, dem, wie der Dichter Pisander singt, die Göttin Pallas zu Thermopylä ein warmes Bad entspringen ließ, als er von seinem Abenteuer in Sicilien, dem alten Thrinakien, zurückkam, woselbst er die Ochsen des Geryon vor sich her trieb. Nach ihm nannten die Griechen in der Folge alle warmen Bäder Ἡρακλεια λουτρα, oder Herkulesbäder.

Den Imperator. S. 72. Z. 17. Cäsar Octavianus Augustus badete sich auf den Rath seines Freygelassenen, und nachher in den Ritterstand erhobenen Arztes Antonius Musa zu Bajä, und genas. Unglücklicher fiel die Badekur des Marcellus, des Sohnes der Octavia aus, der nach dem Gebrauche dieser Bäder starb.

Am grünlichen Abendhimmel. S. 74. Z. 2. Der Westhorizont in Italien prangt nach Sonnenuntergang noch öfter als in unsern Gegenden mit einer schönen, hellgrünen Farbe.

Wo sich ein Cäsar einst. S. 74. Z. 17. Hadrian ahmte am Fuße der Gebirge Tiboli die Wunderwerke der griechischen Kunst nach. Dort waren Bäder, Theater, das Prytaneum, das Lyceum, die Stoa, der Tempel des Kanopus, das Pöcile von Athen. Die Zeit hat alle diese Denkmähler des Alterthums zerstört.

Pästums Rosen. S. 74. Z. 21. Um Pästum, oder Posidonia am pästanischen Busen, blüheten, wie Virgil bezeugt, die Rosen zweymahl jährlich. Noch findet man hier Trümmern von Bädern und Tempeln.

Der Lorber. S. 74. Z. 24. Der Lorberbaum, welcher einst an Virgils Grabe grünte, und nun nicht mehr ist. Daß die Grotte des Berges Posilippo den Aschenrest des Mantuaners in sich schloß, glaubt der Dichter, bis ihn jemand einmahl vom Gegentheil überführt.

Parthenope. S. 75. Z. 3. Diesen Beynahmen führte Neapel von einer Sirene, die dort begraben lag. Virgil schrieb in dieser herrlichen Seestadt die letzten Gesänge seines Gedichts über den Landbau.

Ein askräisches Lied. S. 75. Z. 6. Der Flecken Askra in Böotien war der Geburtsort des Hesiodus, den Virgil bey seinem Landgedicht zum Muster nahm. Der Liebling Augusts singt selbst: „Und die römischen Städte durchhallt mein askräisches Feldlied.“ Virg. Landb. v. Voß. II. 176.

Demeter. S. 75. Z. 19. Oder Ceres, die Göttin der Feldfrüchte. Pomona hieß die Göttin der Obstgärten, und Pales ist der Nahme einer altrömischen Hirtengöttin.

Dem heurigen Spätling der Trift. S. 75. Z. 23. Dem glücklichen Bauer in Opitzens Gedichte von der Ruhe des Gemüths setzt die ehrliche Hausfrau vor: „Ein Lamm, das heute noch lief neben seiner Mutter.“

Polenta. S. 76. Z. 19. Die bekannte Lieblingsspeise des großen Königs.

Die glänzende Schleihe. S. 77. Z. 16. Vergl. Bloch, tab. XV. „Die Goldschleihe, die sich zumahl in Schlesien findet, ist einer der prachtvollesten, deutschen Fische.“ Blumenbach. — Die Schleihe heißt zwar der Arzt der Fische, aber für die Menschen ist sie eben nicht die gesundeste Fischart, ihr Fleisch ist hart und unverdaulich.

Den Salm. S. 77. Z. 22. Den Lachs. — Engl. the Salmon.

Den silberschuppigen Börs. S. 77. Z. 22. Dieser Fisch ist einer der gesundesten und schmackhaftesten, und kann selbst in manchen Krankheiten genossen werden.

Wie meinem Schmit. S. 77. Z. 24. Friedrich Schmit, Professor der Litteratur an der Ritterakademie zu Liegnitz, und Mitglied des Pegnitzischen Blumenordens in Nürnberg, ein gefühlvoller Dichter, dem der Verfasser die erste Bekanntschaft mit den Musen zu verdanken hat.

Dir ein kundiger Arzt. S. 78. Z. 3. Adam Melchior Weikard in seinen vermischten Schriften, Th. I. S. 245. und im medic. prakt. Handbuch, S. 251., wo die Austern als eine schickliche Speise bey der Fußgicht empfohlen werden.

Ein unergründlicher Abscheu. S. 78. Z. 7. Die Aerzte nennen diese eigenthümliche Abneigung gegen gewisse Speisen Idiosynkrasie.

Rheinwein kröne das Mahl. S. 78. Z. 11. Ein guter, alter Rheinwein ist gemeiniglich während einer Brunnenkur am zuträglichsten. Der Mosler erhitzt wenig, und ist daher den französischen Weinen vorzuziehn. Der ungarische Wein ist, nach Hoffmann, vorzüglich solchen dienlich, deren Magen viel Säure erzeugt, und die ihn gewohnt sind.

Der ceylonischen Palmfrucht. S. 78. Z. 16. Der kühlende Saft aus der Frucht der Kokospalme.

Den Hallen des heiligen Bornes. S. 78. Z. 20. Der Säuerling bey Pyrmont. Zu der Vermischung mit Wein schicken sich auch der Fachinger, Codowacr, Selterser und viele andere Gesundbrunnen.

Die Scherze der Margot. S. 80. Z. 19. S. Reisen in die mittäglichen Provinzen von Frankreich. Zweyter Theil. Die Vorschriften aus der Seelenheilkunde, welche im ersten Theile ein Arzt seinem Jugendfreunde giebt, sind besonders für jeden, der an einen Brunnenort reisen will, der Beherzigung werth. „Du gehst, heißt es, zu deinem Glücke in das Land des Leichtsinns; nutze diesen Umstand zu deiner geistigen und körperlichen Genesung, wie ihn andere zu ihrem Verderben mißbrauchen.“ Ferner: „Suche nirgends Erbauung, als in den Wäldern, unter dem Gesange der Vögel, und an dem rieselnden Bache! So lange das Blöken der Lämmer dir nicht näher an's Herz tritt, als das Blöken der Menschen, so sage noch nicht, daß du gesund bist, und werde noch wachsamer über dich selbst! Ueberlasse dich auf einige Zeit ganz jener glücklichen Art von Müssiggange, die mehr Thätigkeit in sich enthält, als manches Aemtchen im Staate."

Als am schwüleren Tag die Gefahr wuchs? S. 83. Z. 6. Johanna Carolina Neubeck, geborne Buße, starb am 22. Junius 1795. Ihr fünf und zwanzigster Geburtstag war der Tag ihrer Beerdigung.

Vierter Gesang.

Noch ist andrer Gebote Befolgung übrig dem Trinker
Einer Genesungsquelle. Du sollst sie lernen, wofern du
Dein willfähriges Ohr nicht versagst der belehrenden Vorschrift.

Eins nur ist mir bewußt, was König und Bettler sich wünschet,
Dessen Verlust den ersten entgöttert im Purpurgewande,
Dessen Besitz den Mann im Kittel erhöhet zum Halbgott.
Holde Gesundheit du, du bist dieß Eine! Dich missen,
Heißt aufhören zu leben und doch nicht sterben. Dich haben,
Heißt auf goldener Leiter zum Sitz der Olympier steigen.
Siehe! die weite Natur, reich ausgesteuert mit Gaben
Aus der schaffenden Hand Allvaters, spendet die Fülle
Köstlicher Güter zum weisen Genuß den Erdebewohnern.
Ohne dich sind sie nicht da. Dem Erkrankten scheint die Natur selbst
Siech und leer; ihr großes, gestirntes Tempelgewölbe
Eine Verwesungsgruft, der Mond die düstere Lampe,
Die dem Elenden dämmert, der über Verwesungen wandelt.

Sterbliche, denen ein Gott dieß unaussprechliche Glück gönnt:
Einen gesunden Geist und einen gesunden Gefährten,
Der, mit freyen Sinnen gerüstet, den Funken der Gottheit
Trägt in irdischer Hülle, verscherzt das himmlische Kleinod
Durch unweisen Lebensgenuß nie! Freunde, bewahrt es,
Wie der Streiter den Schild, und ihr werdet kühner besiegen
Jegliches Sturmes Gewalt auf der dunkeln Woge des Lebens.
Laß dir meinen Gesang der Geheimnisse größtes enthüllen,
Dauernder dich zu freun des guten Sterns der Gesundheit,
Oder, wofern ihn mit Nebel bewölkt ein neidischer Dämon,
Muthig den Feind zu verjagen, und unter dem himmlischen Einfluß
Dieses Gestirns das Glück des Daseyns froh zu genießen,
Heiter und satt vom Mahle des Lebens, ein fröhlicher Gast, einst
Aufzustehn! und: Ich war in Arkadien auch! dich zu rühmen
Siehe, Bewegung erhält das Wohlseyn aller Geschöpfe.
Selbst was leblos ruht in der Schöpfung weitem Gebiete,
Wird durch rege Bewegung veredelt, gewinnet an Schöne.
Stachlige Disteln erzeugt das müssig liegende Brachfeld,
Aus des scholligen Ackers emporgeworfener Furche
Sproßt der nährende Halm, und wuchert mit schwellenden Aehren.
Wird nicht zum faulen Morast des Thalwalds gährende Lache,
Die kein Lüftchen bewegt, kein Sturm aufwühlt in der Tiefe?
Keine Najade bewohnt den schlummernden See, wo beständig
Neblichter Dunst ausdampft, und grünlicher Schlamm sich erzeuget.

Aber der Bäche Krystall und den helldurchsichtigen Bergquell,
Der mit Gesprudel sich über die Wurzeln alternder Bäume
Murmelnd ergießet, von Klippe zu Klippe die Kieselchen fortwälzt,
Und im mäandrischen Laufe bewässert arkadische Thäler:
Ihn nur lieben die Nymfen, und baden die rosigen Glieder
Durch die schwülere Nacht in seinem lebendigen Silber.
Sey Nachahmer des Bachs, wofern du die Gaben der Nymfen
Willst dir zum Heile genießen! Entreiße dich weichlicher Ruhe,
Welche die Muskeln erschlafft, und die Nerven des Zärtlinges lähmet,
Bis er entkräftet und bleich, ein wankender Schemen, umherschleicht.
Auf! ihr Trinker der Quelle! Die tausendfarbige Landschaft
Lächelt dem Freund der Natur, und er wandelt, wohin ihn die Laune,
Oder der Zufall führt: bald zwischen goldenen Ernten,
Die mit schmächtigem Halm entgegenreifen der Sichel;
Bald am gewundenen Ufer des majestätischen Stromes,
Der auf silbernem Rücken den Reichthum ferner Gefilde
Dörfer und Städte vorüber mit flatternden Wimpeln dahin trägt;
Bald in dem Blumengewimmel der grün umhügelten Thaltrift,
Wo nach fröhlicher Schur weißvliessiger Heerden des Festes
Jubel ertönt, und der Wald die bäurischen Lieder zurückhallt.
Seliger Mann! den nie die Sirenengesänge der Ehre,
Nie der höfische Stolz und der lärmende Markt der Gewinnsucht
Aus dem schönen Gebiete verlocken der reinesten Freuden,
Die der hehren Natur vollwallenden Urnen entströmen;

Der aus goldenem Becher der Morgenröthe Begeistrung
Trinkt, und mit schönen Gefühlen den Geist bereichert am Urborn
Heiliger Seelengenüße, besucht von wenigen Edlen.
Ihn entzücken die Hymnen des Walds in der Jugend des Lenztags,
Ihn erfreuen im Herbst fruchtreich die lachenden Gärten,
Wo das reifende Gold am Gezweig, wie der Morgen, erröthet;
Ihn der krystallene Winterpalast beeister Gehölze,
Wo die Blume des Frosts hell blinkt an dem Quelle der Rehe,
Und im bereiften Gesträuch das Eichhorn schüchtern entfliehet.
Seliger Mann, den dieses entzückt! Ihn weihet vor vielen
Sich zum Liebling die gute Natur, und zum Priester der Wahrheit.

Freundinnen, folget der Muse zum stillen, entlegenen Haine!
Laßt mit krystallnem Gefäß euch ein ländliches Mädchen begleiten,
Euch mit der Frische des Quells den Durst zu stillen im Schatten,
Wann ihr vertraulich hier, an ein murmelndes Bächlein gelagert,
Ausruht, horchend der Amsel Gesang im Wipfel der Buche,
Oder selber ein Lied von Voß anstimmend, dem Sänger
Lieblicher Landidyllen, die selbst Apollon-Homeros
Beyfallslächeln gewännen, wofern sie der Alte vernähme.

Hebst du zu Felsabhängen und wildromantischen Berghöhn
Gerne den Fuß, so sey mir gegrüßt mit dem herzlichsten Gruße,
Freund der Gebirge! Du bist mir ähnlich, ich nenne dich Bruder.

Früh entzückte mich schon, in dem Blüthenlenze der Kindheit,
Thüringens Bergtrift; schon als Knabe bestieg ich der Gleichen
Alterthümliche Burg, und die Felsengestade der Gera,
Wo, von Geklipp umstarrt, Goldadler horsten am Abhang.
Weihrauch dampfte das Thal, und ich stand, vom werdenden Frühroth
Angestrahlt, am benachbarten Himmel und athmete Bergluft.
Heil dir, goldenes Land! wo zuerst die Sonne mir aufschloß
Gottes herrliche Welt, wo zuerst in dämmernder Mooskluft
Eine Muse mich fand, und den Schlummerer kränzte mit Efeu.
Staunend erwacht' ich, und sah die Wunder der fabelnden Vorwelt,
Sah durch grünes Gebüsch an des Thalstroms schilfigem Ufer
Nymfen und Hamadryaden den Frühlingsreigen beginnen;
Heil! und sie weiheten mich zum Herold ihrer Geschenke.

Bis zur Späte der Nacht verweile, so will Hygiea,
Keiner im offnen Gefild. Sobald auf duftender Heuflur
Ueber die Purpurblumen, gemäht von der Sense, des Abends
Röthliche Wimper den Perlenthau mitleidig hinabweint;
Wirbelnd die Lerche sich senkt zum Nest in der heimischen Furche;
Langsam vom Anger zurück ins Dorf die läutenden Heerden
Kehren mit schwellendem Euter, und bläulich im feuchten Gebüsche
Funkelt der leuchtende Wurm zum Tanze der Feen und Elfen:
Dann, ihr Waller, zurück vom Feld in die wirthlichen Hallen!
Zwar singt jetzt die geflügelte Dichterin dämmernder Haine

Ihr elegisches Lied, und flötet mit sapfischem Feuer
Schwärmerisch ihrer Liebe Gefühl der lauschenden Echo;
Zwar blitzt über dem Tannengehölz der freundliche Stern her
Aus dem Silbergewölk, und leuchtet dem liebenden Jüngling,
Aber nicht euch, die den Nymfen gelobten die Regeln der Weihe
Treu zu vollbringen. Es athmet die Nachtluft selbst der Gesunde
Oft nicht sonder Gefahr; dem Siechlinge wird sie zum Grabhauch.

Doch wenn Rosse zu zähmen, den Hengst zu tummeln dich freuet,
Laß im erschütternden Laufe den stolzen Wiehrer dich tragen
Durch das stäubende Feld, daß laut vom geflügelten Hufschlag
Schalle der Grund. Und klirret im Stall ein rasches Gespann dir,
Schirre die muthigen Renner mit wallenden Mähnen zur Lustfarth
Oft an den prangenden Wagen, und laß die rollenden Räder
Durch den glühenden Sand hinstürmen mit lautem Gerassel.
Hast du selber gelernt des Gaules Muth zu beherrschen,
Sey selbst Lenker, und laß mit entzügeltem Trabe die Rosse
Durch aufwallenden Staub hinrennen; schlage den Rücken
Deines Gespanns mit den Riemen, und schwinge die sausende Geißel.
Ein so regsames Werk giebt Kräfte wieder den Nerven,
Treibet im rascheren Laufe das Blut durch das enge Geäder.
Balsam athmen die Lungen zugleich in der lauteren Feldluft.
Sanftre Bewegung gewährt die Kahnfahrt. Siehe den Schwan dort!
Wie mit gebogenem Hals er majestätisch dahinschwimmt

Auf der silbernen Flut des grün umuferten Landsees.
Dich empfange der schwebende Kahn mit geselligen Freunden,
Wann die grünliche Welle der Abend wandelt in Purpur,
Und mit azurenen Schwingen den Bord Eisvögel umflattern.
Heute noch segn' ich den Tag, mein Sofron, wo wir zusammen,
Viel der Edlen mit uns, auf gleitendem Nachen des Frühlings
Fest begingen. Die Göttin des Fests war heitere Freude,
Wie sie beständig wohnt in dem Lächeln deiner Serena,
Und in dem offenen Auge Clarissa's, unsrer Gefährtin,
Die mit dem Lispel der Harfe die silberne Stimme vermählte.
Auf uns kam die Wonne der Götter vom Himmel hernieder,
Als uns wieder empfing das Gezelt an der grünen Umufrung,
Wo den sokratischen Becher die schöne Begleiterin kränzte,
Medons blühende Braut, die Königin unserer Feier.
Nimmer vergeß' ich den Tag, den festlichen; gleich der Geliebten
Bild schwebt seine verklärte Gestalt mir die Seele vorüber,
Von der Erinnrung geführt, die stets der Vergangenheit Hallen
Liebliche Zaubergestalten entlockt, der vorigen Tage
Aethergebilde, die dann umringen die tröstende Göttin,
Wann sie den Menschen erscheint, und den einsamen Traurer erfreuet,
Der im fremden Gefild zum Stern der Dämmerung aufblickt.
Doch wann schauernden Wolken befruchtender Regen entträufelt,
Der die gesunde Bewegung dem Waller wehrt in der Freye:
Dann ergetze den Abend hindurch dich die komische Muse.

Jetzo besuche den Dom, wo das Singspiel dich in der Feenwelt
Zaubergefilde versetzt; wo Falstaf oder Pedrillo,
Heldengesinnungen plump nachahmend, über den Schauplatz
Schreiten mit trotzigem Schritt; wo der Witz mit Satyrgelächter,
Und die verschlagene List wetteifernd die Bühne besteigen;
Oder zum Lachen dich kitzelt die Miene der bäurischen Einfalt.
Fleuch, wenn deinem Gefühl zum Schmerz wird, was den Gesunden
Nur mit süßem Schauer erfüllt, und der Wonne der Wehmuth,
Fleuch der tragischen Muse Kothurn, das düstere Nachtstück:
Lear's ohnmächtige Wuth, Othello's schreckliche Reue,
Ugolino's Tod, und die dolchbewehrte Medea.
Bangen Entsetzens voll suchst du vergebens die Ruhe
Auf dem Lager daheim. Dich schreckt im ängstenden Traume
Hamlets Geist, und das große Gespenst, das Macbeth erblickte,
Grinzt hohläugig dich an, und zeigt auf die blutenden Wunden.
Laß die reitzenden Scenen des häuslichen Glücks dich erheitern,
Lächelnder Unschuld Sieg, und des Herbsttags ländliche Feier,
Und erblicke verschönert sie wieder im freundlichen Traumbild.
Weihe dem Schlafe die Nacht, nicht dem Spiele bebilderter Blätter,
Wo zusammengekrümmt der Spielende sitzt, und des Lebens
Freye Verrichtungen hemmt, bald zürnt ob schwerem Verluste,
Bald sich freuet, und bald Fortunens Launen verfluchet.
Viel Unheil folgt dieser Empfindungen stürmischem Wechsel,
Reue beginnet den Zug, ihn beschließt graunvolle Verzweiflung.

Aber des regsamen Spiels, das einst Nausikaa spielte
Mit der Gefährtinnen Schar auf röthlich blühender Kleetrift;
Das im erneueten Lenz rothwangige Knaben hinauslockt
Vor die Thore der Stadt zum violensprossenden Anger,
Rings mit Linden umschirmt, des gliederbewegenden Ballspiels
Schäme sich keiner, und müßt' er daheim es selbst vom Katheder
Oft muthwilliger Jugend verbieten, damit sie darüber
Nicht Cellarius mühsam gelernete Regeln vergesse.
Hier vergeß' er sie selbst beym Ball, und lerne vergnügt seyn!
Mehr Vorschriften die Glieder zu regen, will ich dir melden.
Prüfe zuerst an leichtern Geschäften die zitternden Kräfte,
Gehe zu schwereren über. Allmählich leichtert die Uebung
Jegliches Werk, und schafft der Arbeit Mühe zum Spiel um.
Sträubt ein zu zartes Gefühl sich dagegen nicht, oder das Mitleid,
Wann du den leidenden Wurm erblickst am hakigen Stahle,
Eile mit Fischergeräth zum klaren, kiesigen Waldbach,
Der mit sanftem Gemurmel den Moosfels küsset am Strande,
Wo du sitzest, und wirf in der Flut fischreichen Krystall hin
Mit der beköderten Angel die Schnur an der weidenen Ruthe,
Schleudre darauf die getäuschte Forelle mit zuckendem Schwunge
An das Gestad, ein leckres Gericht für den Trinker des Heilquells.
Edlerer Freuden Genuß entblüht der Kunde der Kräuter.
Welch ein zartes Geschäft, der Blüthen Gebäu zu zergliedern,
Dann in Gattungen sie zu ordnen nach ihrer Befreundung!

Rolle die Schriften auf des unsterblichen Schweden, und lerne
Sein sinnreiches System anwenden auf jegliche Blume.
Mit amazonischem Stolz beherrscht die sklavischen Männer
Eine Königin hier, und prangt in der glänzenden Mitte.
Mit sultanischer Pracht umarmt der herrische Gatte
Seine Gemahlinnen dort im wollustathmenden Harem.
Hier im geheimen Gemach, versteckt vor lüsternen Augen,
Feiert ein scheues Geschlecht Afroditens Fest im Verborgnen.
Dort erwarten im offnen Gefild, hochzeitlich bekleidet,
Kühnere Bräute den fernen Gemahl, . der auf dem Gefieder
Tragender Winde mit Lust den süßen Umarmungen zueilt.
Oftmahls sah ich die Wangen des bleichen, entkräfteten Jünglings
Frischer glühn, und dem Blick ein kühneres Feuer entlodern,
Der nicht erröthete, gleich dem Bewohner niedriger Hütten,
Garten und Feld zu bauen. Das Land schuf Gott, und der Mensch nur
Qualmende Städte. Verehre darum den göttlichen Feldbau.
Oftmahls sah ich den Siechen bey Feldarbeiten genesen,
Oft durch ämsigen Fleiß sich den Leib abhärten den Landwirth,
Der den Sommer hindurch, so bald der kommende Tag sich
Röthete, bald mit dem Spaten das Beet umgrub, mit dem Karste
Bald die Schollen des Ackers zermalmete, bald um den Obstbaum
Wegzugäten das Moos, und den Boden zu lockern bemüht war.
Rüstig schwang er, zugleich mit den Heuern, die klingende Sense
Auf der blumigen Wiese, von zirpenden Grillen umschwirret.

Hielt ihn Regen daheim, und der feucht herstürmende Südwind,
Rastlos drosch er sodann den Halm auf ebener Tenne.
Umzuwühlen sogar mit dem furchenden Eisen das Brachfeld,
Jocht' er selber den Stier an den Pflug in der Kühle des Morgens.
Horch, was jüngst ich vernahm im äskulapischen Tempel,
Als ich das Opfer dem Gott hintrug zum Dank der Genesung,
Was von dem Marmorgesäul am Altar Weihtafeln mich lehrten.
Aus der lockeren Erde, sobald die glänzende Pflugschar
Hat, gleich Wellen, emporgeworfen die schwärzlichen Schollen,
Quillt ein balsamischer Dunst, und wallt unsichtbar im Winde
Ueber die Furchen empor. Der Ackerer athmet die Frische,
Doch unwissend, wie sehr ihn erquickt der geistige Würzduft,
Und, wann er triefet von Schweiß, ihn stärkt zu der müdenden Arbeit.
Noch erfrischender steigt aus geackertem Boden der Dunst auf,
Wann aus Sommergewittern befruchtender Regen herabtrof,
Hoch in der segnenden Wolk' aufblüht der farbige Bogen,
Hinter den Waldungen hohl nur noch murmelt der dumpfere Donner.
Kann den klirrenden Pflug dein Arm nicht lenken, und willst du
Athmen den Balsamhauch der erfrischten Erde, so folge
Nach in der Furche dem Pflüger, und trinke den stärkenden Heilduft.

Oftmahls dringet die Noth, am Heilungsquell in dem Spätjahr,
Wann der herbstliche Strahl schon zeitigt die röthelnde Traube,
Anzuflehn die Najaden. Versäum', o versäume nicht, Jüngling,

Dann die männliche Jagd! Wohlauf! In die Fährte des Wildes!
Wann des Morgens Hand von der Erde den graulichen Flor hebt,
Draus zu bilden die Zierde der Heitre, die farbigen Wolken.
Horch! der Hörner Getön, und der Rüden Gebell in dem Dickicht!
Auf! und erlege den Hirsch, den gewaltigen! durch die Gesträuche
Flieht er, gestreckt, und es rauschen die hangenden Aeste der Tannen
Um sein Zackengeweih. Es erschrickt am steinigen Abhang,
Wo's auf kühlendem Moose sich lagerte, neben des Felsens
Dunkelsprudelndem Quell, das gesprenkelte Reh, und entfliehet
Tief in den innersten Wald, und entgehet dem Jammergeschick noch
Seines geängstigten Bruders, den jetzt das zerschmetternde Bley traf.
Einsam betrauert es hier, in einer verborgenen Felskluft
Ach! den blutigen Fall des Fürsten der Wälder; den grauen
Augen entstürzen hinab in das Moos die Tropfen der Wehmuth.
Jäger von hohem Geschlecht, beflügelt den Tod des Erlegten
Rasch mit geschliffenem Stahl! Nicht langsam unter der Doggen
Zahne verblute der Hirsch, unwürdige Qualen erduldend!
Daß sein letztes Geröchel zum Rachausrufe nicht werde.
Götter vernehmen den Ruf des grausam Erwürgten; sie lieben
Nicht der Menschen Geschlechter allein; dem Thiere, das harmlos
Lebet im Wald und sterbend den Herrn der Erde bereichert,
Gönnen sie gern auch, weil es athmet, ein fröhliches Daseyn.
Muß es bluten, so wünscht der Erbarmung ewige Güte
Abzukürzen die Pein, zu beflügeln das grause Verhängniß.

Horch! ich singe noch mehr. In den grünlichen Nächten der Forste
Lauscht unsichtbar oft die göttliche Nymfe der Quelle,
Deren Krystall ihr trinkt zur Genesung. Junger Dryaden
Festliche Tänze zu schaun, sich selbst in den Reigen zu mischen,
Weilt sie die Nacht durch hier, bis röthlich der Morgen heraufstagt.
Aber sobald das Getöse der Jagd, und das Wiehern der Rosse
Durch die Dämmerung hallt, so zerstreut die tanzende Schar sich.
Jede verbirgt sich in Kluft und Baum vor dem Auge der Menschen.
Scheut, ihr Jäger, die Gegenwart der hehren Najade!
Wagt's nicht grausam zu seyn vor dem schauenden Auge der Göttin,
Deren Geschenk ihr schöpft, damit ihr Fluch nicht den Heilborn
Euch zur Vergeltung entkräfte, der Götter Beleidigung räche.

Kommt, ich nahe dem Ziel, o kommt, Teutoniens Töchter,
Schmückt noch meinen Gesang, eh meinen Händen die goldne
Leier entfällt, und zurück zum Olymp entfleugt die Begeistrung!
Doch sie fliehe zurück, ihr lockt sie wieder herunter.
Schmückt, ihr Holden, meinen Gesang, und vergönnet dem Dichter
Nur ein bescheidenes Reis zum Lohn von dem Kranze der Myrte,
Den die Grazien euch und die sanfteren Tugenden flechten.
Gebt mir das blühende Reis, daß ich um die Leier es winde
Welche die Muse mir stimmt zu sanftern, melodischen Tönen.
Huldinnen schuf die Natur zu den Werken der blutigen Jagd nicht.
Flügel zu geben dem Huf, mit der Schenkel Gewalt an des Gaules

Rücken gedrückt, ziemt Männern allein, und Penthesilern,
Wild und beherzt; allein wer übertrifft in des Tanzes
Leichtesten Wendungen euch? Herzu! der erleuchtete Sahl winkt!
Folget dem Beyspiel hier der reigenliebenden Nymfen!
Schwebt im weißen Gewande dahin mit dem kühneren Jüngling
Durch labyrinthische Reihn, bald schwimmend in sanfter Bewegung,
Bald mit geflügelter Eil, und zefyrlich hüpfenden Füssen.
Doch bey den heiligen Thränen verwittweter Gatten, den Thränen
Unglückseliger Mütter, und liebender Jünglinge Jammer!
Raset nicht, gleich den Mänaden, und bis zur wüsten Ermattung;
Noch eilt, heiß vom Tanze, zum luftigen Fenster im Vorsahl,
Wo mit kühlendem Hauch euch fächelt der feuchtende Nachtwind!
Folgt, wann schneller die Purpurflut in den schwellenden Adern
Kreiset, des Jünglings Wink nicht nach zum Gang in dem Mondschein!
Laßt, wann dem wallenden Busen der Odem glühend entsäuselt,
Euch nicht verleiten, den kalten Krystall der Quelle zu trinken!
Laßt euch warnen das Jammergeschick der jungen Theone!
Singe die bange Geschichte, mein Lied. Ich muß mit dem Sprößling
Dunkler Cypressen das Myrtenreis an der Leier vermählen,
Die nur tönen sollte zum Tanz. Jetzt tönet sie Wehmuth,
Wehmuth tönet sie jetzt an dem frühen Grabe Theonens.
Wie sich, vom Sturme gebrochen, die Lilie neigt an dem Bache,
Dann am Ufer verwelkt, so sank und verweset am Quell sie,
Wo sie den Sommer hindurch verweilte mit ihrem Geliebten.

Dieser beschloß, sich hier an der Urne der guten Najade
Aufzuheitern den Geist, zu zerstreun die Wolken des Ernstes
Auf der denkenden Stirn. Ihm war die schöne Theone,
Ihm schon bräutlich verlobt, zu der Heilungsquelle gefolget,
Zärtlich besorgt um den innig geliebten. Frisch, wie der Morgen,
Wann er über dem Hain aus goldnen Gewölken hervorblickt,
Schwebte die liebliche Frühlingsbraut mit siegender Anmuth
Durch die bewundernden Reihn der versammelten Gäste der Nymfe.
Doch als jetzo die Saiten verstummten, und eben ihr Medon
Sich in dem Nebengemach mit gleich empfindenden Freunden
Traulich beredete, schlich Theone mit glühender Stirne,
Thaubeperlet und feucht, wie die Erstlingsblume des Frühlings,
Welche die tagende Wolke mit hellem Silber beträufte,
Also schlich sie, von keiner Gespielin begleitet, zum Garten,
Ach! ganz uneingedenk der Warnung ihres Geliebten.
Feuchtkalt wehte die Nacht, und schauernd eilte die Jungfrau
Hin zur Grottenkaskade, die silberhell in dem Mondlicht
Ueber das Moos in ein Becken herab mit sanftem Geräusch floß.
Schmettere lauter, o Nachtigall, im Platanengehölze,
Flöt' ein lesbisches Lied! — o Jammer! du singest ein Grablied,
Melancholisch und ernst, denn ach! schon blinkt im Krystalle,
Schon berühret die Lippen die lebenberaubende Kühlung,
Aus dem Becken geschöpft; und der Mond in der silbernen Welle
Zitterte sanft, und sie trank — Todt sank die schönste der Bräute,

Todt in den Sand, und verhauchte den Geist. Im Sahle vermißt sie
Bald ihr Geliebter, und eilt mit Ahndungen aus der Versammlung.
Die du der Leidenden gern dich erbarmst, mitleidige Seele,
Noch, noch spare die Thränen. — Der ängstlich suchende Jüngling
War in den Garten gekommen, und rief die Geliebte mit Nahmen.
Aber verstummet war des Mundes lieblicher Wohllaut,
Einst sein Echo. Leise verhallte der zärtliche Nahme
Tief in den Schatten der Nacht. Ein Schauer durchströmt ihm die Glieder.
Dunklere Wolken verhüllten den Mond; elegischer weinte
Filomelens Geflöt, die Quelle murmelte klagend.
Eben erschüttern das Herz ihm neue Schauer, indem er
Kommt zu der Stäte der Trauer, und hell ihr weißes Gewand sieht
Schimmern im dämmernden Lichte der Mondnacht. Eilender naht er.
Halte den bebenden Schritt zurück, Unglücklicher! Fliehe!
Fliehe, damit nicht kaltes Entsetzen dich tödtend ergreife!
Aber vielleicht ist Rettung — vielleicht noch Hoffnung zum Leben —
Zweifelnd zuerst, ob seine Geliebte die weiße Gestalt sey,
Rief er noch einmahl: Theone! — Theone! hallte die Grotte
Bänger zurück, und es folgt ein schreckliches Todesverstummen.
Zitternd darauf, und mit klopfender Angst bebt näher der Jüngling,
Sieht die Röthe der Wangen entflohn, sieht rieseln des Schweißes
Tropfen vom wohlbekannten Gesicht; doch glaubt er sie todt nicht,
Wähnet, entathmet liege sie nur in täuschender Ohnmacht.
Doch nun faßt er die Lilienhand der Entseelten, und fand sie

Starr und kalt und entstellt von bläulichen Flecken — Entsetzen!
Jetzt erst drang, wie ein Dolch, der finstere Todesgedanke
Durch sein Herz, und den Lippen entscholl ein beklommener Angstschrey;
Denn ihn lähmte der Schmerz. — O seht den erschütternden Anblick!
Neben der Leiche der Braut liegt, niedergeschleudert vom Schrecken,
Medon, und kann nicht weinen, um Hülfe zu rufen vermochte
Kaum der Elende noch; doch hier war Hülfe vergebens,
Ganz ohnmächtig die Kunst. — Trüb starrte das Aug' in die Nacht hin;
Weder die blühende Farbe des Antlitzes kehrete wieder,
Noch die Wallung des Busens, den Herzschlag leise verkündend.
Selbst dem prüfenden Erz unbeweglich ruhte der Leichnam.
Um den Verzweifelnden standen verstummt die trautesten Freunde,
Thränen im Blick; kaum wagten die Lippen ein linderndes Trostwort.
Er, den Tröstungen taub, und müde die Sonne zu schauen,
Er, noch immer mit Küssen die Stirn der Geliebten bedeckend,
Und den erkalteten Mund, er wünscht zu vergehn, und verging nicht,
Will nur sterben mit ihr, doch sein erbarmt sich der Tod nicht,
Mitleidslos — und nun, ihr mitempfindenden Herzen,
Ehrt sein Jammergeschick mit der Menschlichkeit heiligen Thränen!
Doch die Leier entsinket der Hand mittrauernd; ich kann nicht
Singen des Jünglings Schmerz, da zurück ihm kam die Besinnung;
Auch nicht den eigenen Gram, denn Freundin war mir Theone.
Lieblicher Stern, früh gingest du nieder, und nimmer erhebst du
Wieder dein strahlendes Haupt; dein freundlicher Schimmer erheitert

Nicht mehr deine Gespielen zum Scherz in den Hallen der Heimat.
Nicht mehr dämmert dein Licht, vom Gewölk der innigen Rührung,
Oder des Mitleids sanft umzogen, die Wonne der Wehmuth
Uns in die Tiefen des Herzens hinab; das Auge der Noth blickt
Nicht mehr nach dir empor; du strahlst der flehenden Armuth
Nicht mehr Segen und Trost herab und himmlische Milde.
Lieblicher Stern, dich verbirgt uns ewige Nacht, und wir weinen.
Gleich dem Sänger, der einst wehklagt' an der Urne Narcissa's,
Weint ein Vater dir nach, und eine verzweifelnde Mutter;
Ach! und mit Orfeus Jammer verweint sein Leben ein Jüngling.
Fern von der Heimat ruht auf einem ländlichen Kirchhof
Medons Braut, und die Freundin des Harfners, der die Geschenke
Gütiger Nymfen besang, und die Regeln lehrte des Heilkelchs.
Trauerbirken umhangen den Aschenkrug mit der Aufschrift:

Reitzendes Mädchen, vernimm! Hier ruht die Hülle Theonens,
Modernder Staub nun, einst beseelt von der Grazien Anmuth.
Glühend vom Tanze trank sie den Tod in der Kühlung der Quelle,
Ach! urplötzlichen Tod! Streu deine Blumen, und denke,
Denk' an das Wehegeschick der frühverblühten Theone!

Erläuterungen.

Lächelnder Unschuld Sieg. S. 100. Z. 17. In den Hagestolzen von Iffland.

Des Herbsttags ländliche Feier. S. 100. Z. 17. Der Herbsttag von Iffland.

Das einst Nausikaa spielte. S. 101. Z. 1. S. Homers Odyssee von Voß. Sechster Gesang.

Eine Königin hier. S. 102. Z. 4. Die Klasse Polyandria monogynia, oder die vielmännrige mit einem Stempel, oder weiblichem Geschlechtstheile. Dahin gehören, z. B. der Mohn, das Schöllkraut, die Linde.

Mit sultanischer Pracht. S. 102. Z. 5. Die Klasse Monandria digynia, oder die einmännrige mit zwey Stempeln, oder weiblichen Geschlechtstheilen, wie der Frühlings- und Herbstwasserstern, Callitriche verna et autumnalis L.

Hier im geheimen Gemach. S. 102. Z. 7. Die Klasse Cryptogamia, oder der unkenntlichen Vermählungen, welche die Moose und Schwämme enthalt.

Dort erwarten im offnen Gefild. S. 102. Z. 9. Die Klasse Dioecia, oder die zweyhäusige mit ganz getrennten Geschlechtern, wie die Pappeln, Weiden, der Taxus, der Hopfen und der Hanf.

Quillt ein balsamischer Dunst. S. 103. Z. 10. Schon alte Erfahrungen bestätigen die Heilsamkeit des Dunstes der frischgepflügten, oder umgegrabenen Erde. Franz Solano de Luquez gab einem schwächlichen Alten den Rath, dem Pfluge zu folgen. Schwache Kinder legte man in frische Furchen oder Gruben, um sie zu beleben, und zu stärken. Zur Wiederbelebung der Scheintodten, besonders solcher, die der Blitz getroffen, hat man ebenfalls das Erdbad vorgeschlagen.

Selbst dem prüfenden Erz. S. 109. Z. 10. Unter die Prüfungsmittel des wahren Todes haben einige Aerzte neulich den Metallreitz aufgenommen, dessen Untrüglichkeit aber noch nicht völlig erwiesen ist, so scharfsinnig auch Creve' die Vorzüge dieses unschädlichen Versuchs in seiner gelehrten Schrift vom Metallreitze entwickelt, wo er insonderheit den Zinksilberreitz, oder die Verbindung des Silbers mit Zink, als ein eben so leichtes als wirksames Erforschungsmittel der gänzlich erloschenen Lebenskraft aufstellt.

Verbesserungen.

Seite	16	Zeile	15	geathmeten statt geathmetem.
—	24	—	11	Meers statt Meeres.
—	25	—	22	Glutstrom statt Glutsturm.
—	43	—	9	erbarme statt erbarm.
—	53	—	22	Tempe statt Tempel.
—	56	—	2	Pogramma statt Pogromma.
—	58	—	16	von Schweidnitz statt von Breslau.
—	64	—	13	Muße statt Muse.
—	66	—	22	jubelt statt wirbelt.
—	71	—	14	Wipfel statt Wipfeln.
—	72	—	14	die freyen Pelasger statt den freyen Pelasgern.
—	81	—	21	Räuchwerk statt Rauchwerk.
—	100	—	14	grasse statt große.
—	106	-—	1	Penthesileen statt Penthesilern.